Die Cheopspyramide mit Sphinx.

Aufnahme Photoglob., Zürich.

DIE CHEOPSPYRAMIDE

EIN DENKMAL
MATHEMATISCHER ERKENNTNIS

VON

ING. K. KLEPPISCH

MIT EINEM BILDE DER PYRAMIDE
UND 15 TEXTFIGUREN

MÜNCHEN UND BERLIN 1921
DRUCK UND VERLAG VON R. OLDENBOURG

Vorwort.

Vorliegende Studie ist die Frucht unfreiwilliger Mußestunden während der letzten Jahre. Anregung zu ihr gaben die Schriften Eyths, welcher dem mathematischen Problem der Cheopspyramide zwar großes Interesse entgegenbrachte, sich selbst jedoch mit ihm nicht eingehender beschäftigte, sondern in Unkenntnis der wirklichen Zusammenhänge bereit war, die eigentümlichen Zahleneigenschaften der Pyramide einem Spiel des Zufalls zuzuschreiben. Er schrieb darüber noch im Jahre 1903 einem Enkel von Sebastian Hensel: » . . Wie aber die alten Ägypter das alles herausfanden, weiß ich auch nicht. Die meisten glauben, daß es doch nur ein Spiel des Zufalls sei. Ich selbst denke so. Man kommt auf diese Weise am besten aus der Verlegenheit . . . «[1].

Sein Verdienst, das Problem in anziehender Form dem deutschen Leserkreise näher gebracht zu haben, wird dadurch nicht geschmälert.

Verfasser dieses, angezogen durch das Eigentümliche des Problems, suchte, zunächst ohne Kenntnis der einschlägigen Literatur, unter Ausschaltung alles pseudowissenschaftlichen und mystischen Beiwerks nach einer realen Erklärung, aufgebaut allein auf einer Wissensgrundlage, wie sie der nüchtern-kritische Verstand des Ingenieurs den alten Ägyptern zugestehen konnte. Die einzig mögliche — unbefangener Kritik standhaltende — Lösung des Problems ergab sich dann zwar unerwartet rasch, rief aber durch ihre Einfachheit Zweifel an ihrer Erstauffindung hervor. Einblick in die wichtigere bezügliche Literatur beseitigte zwar diese Zweifel, nötigte aber nunmehr dazu, die gefundene Lösung wissenschaftlich zu vertiefen und sich mit den wesentlichen bisherigen Lösungsversuchen auseinanderzusetzen.

Als »Nebenprodukt« gewann der Verfasser dabei die Überzeugung, daß vorherige Kenntnis der Literatur in diesem Falle die Auffindung einer einfachen Erklärung, wenn nicht unmöglich gemacht, so doch

---

[1] Max Eyth, »Gesammelte Schriften«, Heidelberg 1909, Bd. 6, S. 509.

bedeutend erschwert hätte. Nach Feststellung des Ergebnisses jedoch war diese Literaturkenntnis von Wert, insbesondere in mathematisch-historischer Richtung, wie überhaupt das Problem — auch losgelöst von der Pyramide — einen interessanten Einblick in die Entwicklung des menschlichen Geistes längst vergangener Jahrtausende gewährt.

In der Natur der Sache liegt es, daß das Problem in mathematischer Hinsicht nur elementaren Charakter besitzen kann. Seine Erörterung wird daher, wie sie dem Orientalisten und dem Erforscher mathematischer Geschichte Interesse bieten mag, auch für den gebildeten Laien anziehend und leicht verständlich sein. Gäbe sie außerdem Anregung zu weiteren Untersuchungen, so wäre ihr Zweck in vollem Maße erfüllt.

Warschau, im Mai 1921.

K. Kleppisch.

Inhalt.

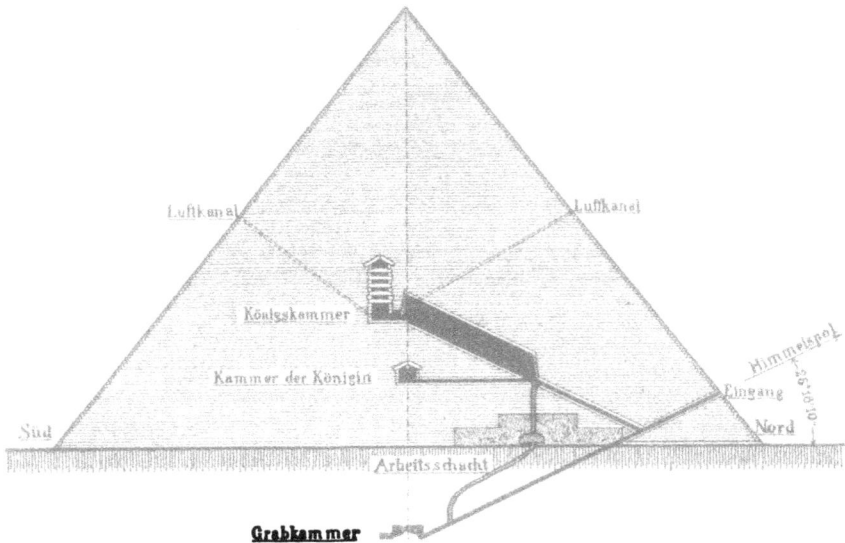

Schnitt durch die Cheopspyramide.
Maßstab ∾ 1 : 2500.

Grundlinie der Pyramide 9068,8 engl. Zoll = 230,34 m ⎫
Höhe   »   »   5776,0 »   »   = 146,71 m ⎬ im Mittel
Neigungswinkel der »   . . . .   51° 52′ ⎭ nach Petrie.

    Die Pyramide ist in Stufen von verschiedener Höhe
(zwischen 1,5 und 0,5 m wechselnd) aufgebaut. Die Zahl der
Stufen wird ursprünglich etwa 210 betragen haben. Jetzt
sind deren, da die Spitze abgebrochen worden ist, nur noch
203 vorhanden. Die sehr genau bearbeiteten Bekleidungssteine,
die die Stufen ursprünglich verdeckten, sind bis auf Reste an
der untersten Stufe entfernt.

    Im Innern der Pyramide und im Felsboden unter ihr be-
finden sich die aus der Zeichnung ersichtlichen Kammern, Gänge
und Kanäle. Die angegebenen Namen hat man den Kammern
willkürlich beigelegt. Der aufwärts führende Gang erweitert
sich zu der über 8 m hohen »Galerie«. In der »Königskammer«
steht der unbedeckte granitne »Sarkophag«.

    Die entgegen der Richtung des Eintrittsganges gezogene
Linie soll, nach einer Berechnung des englischen Astronomen
Piazzi Smyth, zur Zeit der Erbauung der Pyramide auf die
untere Kulmination des damaligen Polarsterns gewiesen haben.

I. Die wesentlichsten Theorien
über das Maßverhältnis der Cheopspyramide.

Max Eyth hat in einem am 14. Januar 1901 in Ulm gehaltenen Vortrage[1]) im »Verein für Mathematik und Naturwissenschaften« Forschungen von Taylor und Piazzi Smyth weiteren Kreisen zur Kenntnis gebracht und später auch literarisch verwertet[2]), welche unter anderem einen Zusammenhang zwischen den Maßen der Cheopspyramide und der Zahl π nachweisen wollen.

In diesem Vortrage berührte Eyth in der ihm eigenen schönen und gehaltreichen Sprache vorerst die rätselhafte Seite der Großen Pyramide: »Neben der überwältigenden Größe, neben der musterhaften Technik ist in dem ganzen Riesenbau nicht die Spur eines Bildwerks, nicht ein Versuch der rohesten Inschrift zu entdecken. Stumm und sprachlos, aber vollkommen in seiner Art, steht dieses Denkmal an der Schwelle der Geschichte der Menschheit, und noch heute fragen wir, wie Herodot vor 2500 Jahren, nach seinem Werden und seinem Zweck, und wie er, wenn wir es eingestehen wollen, vergebens. «

Trotzdem ». . deutet alles über der Felsenplattform, auf der der Bau steht, darauf hin, daß er nach einem bestimmten Plane ausgeführt wurde, dem ein leitender Gedanke zu Grunde lag.«

»Das auf den ersten Blick Unerklärlichste ist und bleibt der in der Kulturgeschichte einzig dastehende Fall, daß in einer ganzen Reihe von Bauwerken, die eine Zeitperiode und einen Stil charakterisieren, das großartigste und vollkommenste seiner Gattung auch das erste und älteste ist und alle späteren nur den stetigen Niedergang dieser Richtung menschlichen Schaffens darstellen. Bei jedem anderen Baustil sehen wir die allmähliche Entwicklung des Grundgedankens zu immer größeren und vollkommeneren Formen, bis er seinen Höhepunkt erreicht hat. Es brauchte Jahrhunderte, bis die Säulenbauten Ägyptens und Kleinasiens sich zum griechischen Tempel auswuchsen, bis sich die ersten Spitzbogen arabischer Moscheen zum Kölner Dom,

---

[1]) Eyth, »Lebendige Kräfte«, Berlin 1905, S. 127 ff.
[2]) Eyth, »Der Kampf um die Cheopspyramide«, Heidelberg 1902.

zum Ulmer Münster umgestalteten, und wir können diese Entwicklung Schritt für Schritt verfolgen. Anders hier. Nichts zeigt uns das Entstehen der altägyptischen Baukunst, die schließlich zur Cheopspyramide geführt hätte. Riesig und technisch vollkommen steht dieses erste Bauwerk seiner Art am Uranfang der Geschichte des rätselhaften Volkes, wie aus dem Nichts geboren und nie mehr erreicht, trotz der 130 Nachahmungen, die landauf, landab zwischen Strom und Wüste in Trümmern liegen«[1]).

Eyth schildert sodann, wie durch genaue Messungen verschiedener Gelehrten sowohl die Seitenlänge der quadratischen Pyramidengrundfläche mit 763,81 engl. Fuß als auch der Kantenwinkel der äußeren Verschalungssteine mit 51° 51′ 14,3″ festgestellt und hieraus die frühere Pyramidenhöhe mit 486,2567 engl. Fuß berechnet wurde.

»Hiermit trat die erste Wahrheit zutage, welche Taylor zu seinen weiteren Studien veranlaßte. Der Umfang der Pyramide verhält sich zur doppelten Höhe wie 3,14159 : 1«.

»Die berühmte Zahl π ist bis in die fünfte Dezimalstelle genau in den Maßen der Großen Pyramide verkörpert. Der grandiose Bau ist die steingewordene Lösung der Quadratur des Kreises«.

»Daß diese Tatsache höchst merkwürdig ist, wird niemand leugnen, der die Geschichte der Zahl π einigermaßen kennt. Ein zufälliges Zusammentreffen zweier zusammenhanglosen Zahlen bis über die sechste Stelle hinaus wäre ein größeres Wunder als alles, was unsere Phantasie zu erfassen vermag. ... Bis 1580 unserer Zeitrechnung begnügte man sich mit einem geringeren Grade der Annäherung«[2]).

Letzteres ist zutreffend. Während der Bau der Großen Pyramide in die Zeit 2500 bis 2200 v. Chr. verlegt wird, tritt die früheste ägyptische Ausmessung des Kreises im Papyrus des Ahmes (um 1700 v. Chr.) auf. »Sie lehrt ein Quadrat zu finden, welches dem Kreise flächengleich sei, und zwar wird als Seite des Quadrates der um $1/9$ seiner Länge verminderte Kreisdurchmesser gewählt. Wie man zu dieser Vorschrift gekommen sein mag, ist nicht entfernt zu erraten. Gesichert ist sie durch wiederholtes Auftreten, gesichert ist auch ihre ziemlich gute Anwendbarkeit, denn sie entspricht einem Werte

$$\pi = 3{,}1604 \ldots «[3])$$

---

[1]) Eyth, »Lebendige Kräfte«, S. 131/132.

[2]) Ebenda S. 142.

[3]) Cantor, »Vorlesungen über Geschichte der Mathematik«, Leipzig 1907, Bd. I, S. 97/98 (fernerhin als »Cantor, Geschichte« angeführt).

Auch die von Archimedes (3. Jahrh. v. Chr.) berechneten Grenzen von π, welche als »eine der wunderbarsten mathematischen Leistungen des Altertums«[1]) angesehen werden, erheben sich nicht zu der in der Pyramide angeblich verkörperten Genauigkeit, denn Archimedes gab das Resultat:

$$3\frac{1}{7} > \pi > 3\frac{10}{71}, \quad \text{d. h. } 3{,}14285\ldots > \pi > 3{,}14084\ldots$$

und damit π erst auf zwei Dezimalen genau.

Gemäß der Hypothese von Taylor und Smyth hätten also die Ägypter ungefähr 2000 Jahre vor Archimedes einen bedeutend genaueren Wert von π gekannt und verwendet, die Kenntnis dieses Wertes müßte ihnen jedoch einige Jahrhunderte später wieder verloren gegangen sein.

Die nachstehenden Ausführungen versuchen nun nicht nur den Beweis zu erbringen, daß dieser Zusammenhang zwischen den Maßen der Großen Pyramide und der Zahl π ein zufälliger ist, sondern gleichzeitig den leitenden Grundsatz aufzudecken, den der Baumeister der Pyramide bei Festlegung ihrer Maßverhältnisse befolgte.

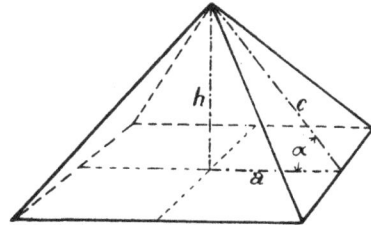

Wird gemäß Fig. 1 die halbe Seitenlänge, die Höhe und der Neigungswinkel der Pyramide mit a, h und α,

Fig. 1.

außerdem die Höhe der Manteldreiecksfläche mit c bezeichnet, so lautet das von Taylor und Smyth gefundene Ergebnis:

$$8a \approx 2h\pi \quad \text{bezw.} \quad \frac{a}{h} \approx \frac{\pi}{4} = 0{,}78539816339\ldots$$

Aus dem gemessenen Winkel von $51^0\,51'\,14{,}3''$ dagegen berechnet sich

$$\cot g\,\alpha = \frac{a}{h} = 0{,}78539824242\ldots$$

Es liegt nahe, auch das Verhältnis der übrigen Seiten des halben Querschnittdreiecks der Pyramide zu untersuchen. Seine Hypotenuse ergibt sich mit

$$c = \sqrt{a^2 + h^2} = 618{,}3017\ldots \text{ engl. Fuß,}$$

sonach

$$\frac{h}{c} = 0{,}78645\ldots \quad \text{und} \quad \frac{a}{c} = 0{,}61766\ldots$$

---

[1]) Beutel, »Die Quadratur des Kreises«, Leipzig 1903, S. 13.

Während der Wert $\dfrac{h}{c}$ fast übereinstimmt mit dem Werte $\dfrac{a}{h}$ und damit auf die stetige Proportion $\dfrac{a}{h} = \dfrac{h}{c}$ hinweist, leitet der Wert $\dfrac{a}{c}$ auf das Verhältnis des Goldnen Schnittes von der Form

$$a_1 : c_1 = c_1 : d_1, \text{ wobei } d_1 = a_1 + c_1,$$

dessen absoluter Wert konstant und gleich ist

$$\frac{a_1}{c_1} = \frac{1}{2}(-1+\sqrt{5}) = 0,618034\ldots.$$

Wird die Länge $d_1 = a_1 + c_1 = 1$ als Einheit angenommen, so resultiert

$$\frac{a_1}{c_1} = \frac{c_1}{a_1 + c_1} = c_1 = \frac{1}{2}(-1+\sqrt{5}) = 0,618034\ldots.$$

$$1 - c_1 = a_1 = \frac{1}{2}(3 - \sqrt{5}) \qquad = 0,381966\ldots.$$

und als Summe wieder die Einheit

$$a_1 + c_1 = d_1 \qquad\qquad = 1,000000\ldots.$$

Die Übereinstimmung mit den bezüglichen Pyramidenmaßen ist auffällig, denn diese ergeben mit

$$
\begin{aligned}
c &= 618,3017\ldots. \text{ engl. Fuß} \\
a &= 381,905\ldots. \qquad » \qquad » \\
\hline
a + c &= 1000,2067\ldots. \text{ engl. Fuß.}
\end{aligned}
$$

Es ist nicht zu verwundern, daß diese merkwürdige Übereinstimmung zu dem Schlusse Veranlassung geben konnte, daß die altägyptische Längeneinheit mit dem heutigen englischen Fußmaße identisch gewesen sei[1]).

Werden die vorstehenden, mit großer Annäherung gefundenen Beziehungen zwischen den Pyramidenmaßen nämlich als absichtlich gewählt vorausgesetzt, d. h.: soll sich verhalten

$$a : c = c : d, \text{ wobei } d = a + c = 1000 \text{ engl. Fuß,}$$

besteht andrerseits das stetige Verhältnis

$$a : h = h : c,$$

so bestimmen sich die Dimensionen der Pyramide mit:

halbe Seitenlänge $\quad a = 1000 \cdot \dfrac{1}{2}(3 - \sqrt{5}) \quad = 381,966\ldots.$ engl. Fuß

Manteldreieckshöhe $\quad c = 1000 \cdot \dfrac{1}{2}(-1+\sqrt{5}) = 618,034\ldots. \quad » \quad »$

Pyramidenhöhe $\quad h = 1000\sqrt{\sqrt{5}-2} \qquad = 485,8682\ldots. \quad » \quad »$

[1]) N e i k e s, »Der Goldne Schnitt und die Geheimnisse der Cheopspyramide«, Köln.

Einen Vergleich dieser auf $d = a + c = 1000$ engl. Fuß aufgebauten Zahlen mit den auf Messungen von Taylor und Smyth beruhen-
den Dimensionen ermöglicht nachstehende Tabelle:

Maßverhältnisse der Pyramide	$d = a + c$	a	c	h	a	
nach der Zahl π	1000,2067′	381,905′	618,3017′	486,2567′	51°51′	14,3″
nach dem Goldnen Schnitt	1000,0000′	381,966′	618,034′	485,8682′	51°49′	38,2″.

Die vorstehende Übersicht zeigt zahlenmäßig, wie leicht derartige — hinsichtlich der angenommenen Längeneinheit jedenfalls
falsche — Resultate als richtig hingestellt werden können, und zwar
mit um so größer scheinender Berechtigung, als »die zuverlässig-
sten Angaben für die Seitenlänge der Pyramide, die der französischen
Forscher von 1779 und des englischen Obersten Howard Vyse, zwischen
763,62 und 764,00 engl. Fuß schwanken«[1]), demnach der wirkliche
Wert von a zwischen den Grenzen 381,81 und 382,00 engl. Fuß zu
suchen ist. Der oben nach dem Goldnen Schnitte berechnete Wert
von $a = 381,966 \ldots$ engl. Fuß liegt nun innerhalb dieser Grenzen.

Außerdem bemerkt jedoch Eyth an gleicher Stelle: »Es ist wahr-
haft erstaunlich, wie schwierig es für Gelehrte — und andere — zu
sein scheint, eine einfache Länge von wenigen Metern richtig zu messen.
Der ausgehöhlte Granitblock in der Königskammer z. B. wurde seit
1553 von 25 europäischen Forschern aufgenommen, darunter die
gelehrtesten Mathematiker, Astronomen, Meßkünstler und Ägypto-
logen ihrer Zeit, und nicht eine der Messungen stimmt mit einer einzigen
der 24 übrigen.«

Unvoreingenommene Beurteiler können nach dem vorstehenden
nur zu dem Schlusse kommen, daß der Aufbau irgendwelcher Theorien
auf Grund zahlenmäßiger Abmessungen allein immer anfechtbar
bleiben wird. Denn es ist leicht einzusehen, daß nach den jeweils
als richtig vorausgesetzten Maßen der Pyramide verschiedene Theorien
nebeneinander Berechtigung haben können.

Der englische Ägyptologe Flinders Petrie, der in den Jahren
1881/82 neue Messungen auf dem Pyramidenfelde von Gizeh vorge-
nommen hat, welche heute allgemein als die gründlichsten und zu-
verlässigsten anerkannt sind, kommt in seinen hierüber veröffent-
lichten Ergebnissen[2]) bezüglich der Vielheit der vorhandenen

---

[1]) Eyth, »Lebendige Kräfte«, S. 141.
[2]) »The Pyramids and Temples of Gizeh.« By W. M. Flinders Petrie,
London 1883 (fernerhin als »Petrie« angeführt).

Theorien aus dem gleichen Grunde zu folgenden bemerkenswerten Schlüssen:

»Eine Theorie sollte auf ihren eigenen Vorzügen stehen, ohne Rücksicht auf das Ansehen ihres Verfechters . . . . Andere (Theorien), auf die wirklichen Dimensionen beschränkt, werden die erste und unerläßlichste Prüfung der Messung aushalten, die nur die niedrigste Klasse des Beweises einer Theorie ist.« (Petrie, Abschn. 142.)

»Es ist kaum notwendig zu sagen, daß da, wo man die Wahl hat zwischen zwei gleich gut stimmenden Theorien, die einfachere von beiden die größere Wahrscheinlichkeit für sich hat.« (Petrie, Abschn. 157.)

Werden bei der Beurteilung der folgenden Betrachtungen diese klaren Leitsätze eines nüchternen Forschers stets berücksichtigt, so wird deren Nachsatz:

». . . . aber individuelle Voreingenommenheit des Lesers wird in einigen Fällen den Ausschlag für seine Meinung geben. In der verwickelten Frage der Möglichkeit von zwei Motiven, in einer Form kombiniert oder sich notwendig aufeinander beziehend, wird das individuelle Gefühl noch stärkeren Einfluß haben, und an die Wahrscheinlichkeit der Absicht wird man glauben oder nicht glauben, nicht so sehr aus physischen als aus metaphysischen Gründen und nach der geistigen Eigenart.« (Petrie, Abschn. 157)

für das vorliegende Problem nicht mehr in Frage kommen.

Petrie kann nach Anführung einer ganzen Reihe bisher aufgestellter Theorien keine von allen als allein berechtigt anerkennen und reduziert die bisherigen Forschungsergebnisse auf drei Theorien, von denen jede viele wesentliche Argumente für sich hat und welche alle drei sehr gut sogar nebeneinander bestehen können. (Petrie, Abschn. 157.)   Diese drei Theorien sind in ihren Grundzügen folgende:

1. Die ägyptische Ellentheorie:

$$\text{Basis} \ldots \ldots \quad 2a = 440 \text{ ägypt. Ellen,}$$
$$\text{Höhe} \ldots \ldots \quad h = 280 \quad » \quad »$$
$$\text{Manteldreieckshöhe} \quad c = 356 \quad » \quad »$$

2. Das π-Verhältnis oder die Radius- und Umfangstheorie:

$$8a = 2h\pi.$$

3. Die Theorie der Fläche, der Quadrate von Längen und Diagonalen.

Für letztere Theorie sprechen nach Petrie die ganzzahligen äußeren Abmessungen der Pyramide (in ägyptischen Ellen, siehe Theorie 1) und vor allem der Umstand, daß u. a. nicht nur die drei Hauptdimensionen der inneren Kammern, sondern auch ein großer Teil ihrer Oberflächen- und Raumdiagonalen ganzzahlige Größen in ägyptischem Ellenmaße darstellen, wobei die Quadrate aller dieser Größen meistens Vielfache von 10, 25 und 100 sind. Betreffs Einzelheiten muß auf das Werk von Petrie verwiesen werden.

Petrie selbst ist geneigt, der dritten Theorie, welche augenscheinlich von ihm stammt, den Vorzug zu geben: »Wenn auch der Gedanke, die Quadrate der linearen Abmessungen zu ganzzahligen Flächen zu machen, eigentümlich scheinen mag, so würde doch die Schönheit, die darin liegt, daß so alle Diagonalen einer Kammer ein einheitliches System mit deren direkten Abmessungen bilden, ein hinreichender Anlaß sein, die Erbauer zu seiner Annahme zu führen.« (Petrie, Abschn. 178.)

Hierzu tritt nun als ebenbürtige Theorie:

4. Das Verhältnis des Goldnen Schnittes, auf welches N e i k e s — der gleichzeitig damit das Maßsystem der Pyramide festlegen will — in folgender Form hingewiesen hat:

$$a = 381,966 \ldots . \text{ engl. Fuß}$$
$$c = 618,034 \ldots . \quad » \quad »$$
$$\overline{a + c = 1000,000 \quad \text{engl. Fuß}}$$
$$h = 485,868 \ldots . \quad » \quad » \quad ^{1)},$$

und das hier ohne Rücksicht auf ein Maßsystem in der vorhin entwickelten allgemeinen Form

$$a : c = c : d, \text{ wobei } d = a + c$$

und

$$a : h = h : c, \quad » \quad c^2 = a^2 + h^2$$

die Grundlage zu weiteren, das Problem endgültig erledigenden Folgerungen bieten soll.

J a r o l i m e k [2]) behandelt die gleiche Theorie 18 Jahre vor Neikes und sagt, am schönsten und einfachsten wäre die Grundlage, wenn man sie in die Form kleiden dürfte: »Der Erbauer wählte als halbes Profil der Pyramide ein rechtwinkliges Dreieck, dessen kleinere Kathete sich zu der größeren so verhält wie die letztere zur Hypotenuse. In einem solchen Dreieck verhält sich nämlich andrerseits die kleinere

---

[1]) N e i k e s, »Der Goldne Schnitt«, S. 15/16.

[2]) A. J a r o l i m e k, »Der mathematische Schlüssel zu der Pyramide des Cheops«, Ztschr. d. österr. Ing.- u. Arch.-Vereins, Wien 1890, und »Die Rätsel der Cheopspyramide«, Prometheus 1910.

Kathete zur Hypotenuse so wie letztere zu der Summe dieser beiden Strecken, also wie Minor zum Major beim Goldnen Schnitt.«

Das sind klar ausgesprochen die beiden Grundgleichungen der Cheopspyramide:

$$a : h = h : c \quad \text{und} \quad a : c = c : (a + c).$$

Über diese Gleichungen nicht hinauskommend, sieht Jarolimek in ihnen das Grundprinzip des ganzen Baus, findet aber keine Ursache, den Ägyptern die Kenntnis des Goldnen Schnitts und des dazugehörigen pythagoreischen Lehrsatzes zuzusprechen, sondern ist der Meinung, daß der Pyramidenbaumeister unter Benutzung der heiligen Zahlen 3 und 7 sowie ihrer Summe und Differenz 10 und 4 die Pyramidenmaße bestimmte, und zwar, indem »die Zahl 3 vornehmlich in der Dreiteilung der Pyramide und die Zahl 7 in der Höhenausmessung zum Ausdruck gebracht war, wogegen die Zahlen 4 und 10 in den Grundmaßen der Pyramide zur Anwendung gelangten.«

Durch fortgesetzte Streckensummierung sei er zur Goldnen Leiter

$$1 \quad 2 \quad 3 \quad 5 \quad 8 \quad 13 \quad 21 \quad 34 \quad 55 \quad 89 \quad 144 \ldots$$

gelangt und damit zum Grundverhältnis

$$0,61803 : 1 = 1 : 1,61803,$$

und auf dieser Leiter aufsteigend habe er auf der 10. Stufe überraschend $144 = 12 \cdot 12 = (3 \cdot 4) \cdot (3 \cdot 4)$ als geeigneten Maßwert gefunden, habe 144 Vierellen (4 = heilige Zahl!) nach der Goldnen Leiter in 55 und 89 Vierellen abgeteilt und mit diesen Strecken das halbe Profil der Pyramide ermittelt, wobei sich die Höhe merkwürdigerweise auf nahe genau 70 Vierellen stellte, was dem Erbauer als besonders glückliche Wahl erschien.

Den nüchternen Beurteiler werden wohl einige Zweifel beschleichen, ob die Vorgänge bei der Entstehung der Pyramide sich in dieser Weise abgespielt haben, ebensowenig kann ihn aber, auch nach ihrem heutigen Stande, eine dieser vier Theorien befriedigen, und zwar aus folgenden Gründen:

Theorie 1 enthält keine besondere Hypothese, sondern schließt nur aus den tatsächlichen Abmessungen der Pyramide und der uns bekannten Länge der altägyptischen Elle, daß diese bei dem Bau als Maßeinheit diente, wobei sowohl für die äußeren wie für die inneren Dimensionen möglichst runde Ellenzahlen gewählt wurden. Damit ist aber weder die absolute Größe dieser Zahlen noch ihr Verhältnis zueinander erklärt.

Bei Theorie 2 und 4 wirft sich die Frage auf, weshalb gerade die Dimensionen a, h und c in die bezüglichen Verhältnisse gesetzt wurden und nicht andere, hierzu ebenso gut oder besser geeignete. Die Höhe h war nach Fertigstellung des Baues weder sichtbar noch direkt meßbar, die Manteldreieckshöhe c — sinnlich nicht wahrnehmbar — nur eine abstrakte geometrische Linie. Wollte der Baumeister wirklich nur bestimmte lineare Verhältnisse, in Linien des Baues verkörpert, der Nachwelt überliefern, so wäre es naheliegender gewesen, diese Linien an der Oberfläche der Pyramide in Erscheinung treten zu lassen, statt sie teilweise in ihrem Innern zu verbergen. Nun bestehen jedoch diese Verhältnisse tatsächlich und können nicht in das Reich des Zufalls verwiesen werden. Wer daher nicht planlose Anordnung voraussetzen will, wird zu der Annahme gezwungen, daß diese Verhältnisse im Gegenteil planvoll angelegt und einem bestimmten Zwecke untergeordnet wurden, der nur bis heute nicht ergründet werden konnte.

Abgesehen hiervon, erhalten die Hauptdimensionen durch die Theorien 2 und 4 transzendente bzw. irrationale Werte, welche nach der Theorie nicht nur auf mehrere Dezimalen bestimmt, sondern in gleicher Genauigkeit auch durch entsprechende Bauausführung der Nachwelt erhalten wurden.

Solche Genauigkeit läßt sich nur durch Berechnung, niemals durch Konstruktion allein erreichen. Erstere ist wieder nur durchführbar mit Rechnungsweisen (Exhaustionsmethoden bzw. Wurzelausziehen), deren Kenntnis bei dem Pyramidenerbauer nicht als selbstverständlich vorausgesetzt werden darf. Die notwendige Voraussetzung der fehlerlosen Wiedergabe dieser theoretisch errechneten transzendenten bzw. irrationalen Dimensionen findet außerdem ihre Grenze in der Unzulänglichkeit alles Menschenwerks.

Solange daher nicht sicher nachweisbar ist, daß der Pyramidenbaumeister diese Rechnungsweisen gekannt hat, so lange muß derjenigen Theorie die größere Berechtigung zuerkannt werden, die solcher Voraussetzungen entraten kann.

Theorie 3 dagegen muß sich in Bezug auf die äußeren Dimensionen, welche der Theorie 1 entsprechen, der gleichen Beurteilung wie diese unterwerfen, während hinsichtlich der Maßeigenschaften der Kammern gesagt werden muß, daß sie zu sehr sekundärer Natur sind, als daß sie den leitenden Baugrundsatz der Großen Pyramide ausdrücken könnten.

II. Der leitende Baugrundsatz — eine einfache mathematische Erkenntnis.

Um zu dem leitenden Baugrundsatze zu gelangen, seien hier vorerst die Beziehungen zusammengestellt, welche auf Grund der Messungen von Taylor und Smyth abgeleitet wurden. Es war gefunden worden, daß sich mit großer Annäherung verhält

$$a : c = c : d, \quad \text{wobei } d = a + c,$$

und

$$a : h = h : c, \quad c^2 = a^2 + h^2.$$

Das erste dieser Verhältnisse stellt die lineare, das zweite die quadratische Form des Goldnen Schnittes dar, wie dies deutlich wird bei Darstellung beider Verhältnisse in der Form

$$a : c = c : (a + c)$$

und

$$a^2 : h^2 = h^2 : (a^2 + h^2).$$

Allgemein ergibt sich die quadratische Form aus der linearen durch Einschaltung der mittleren geometrischen Proportionale zwischen zwei aufeinanderfolgenden Gliedern des linearen Verhältnisses.

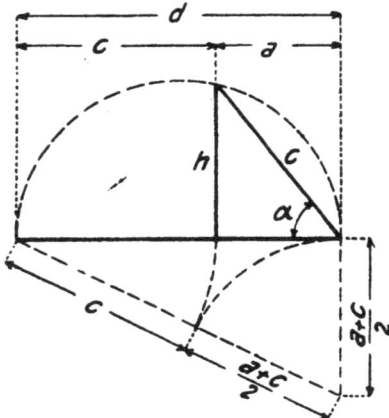

Fig. 2.

Ist nämlich die lineare Form $a : c = c : (a + c)$ bzw. $c^2 = a^2 + a c$ und h die mittlere geometrische Proportionale zwischen a und c, d. h.: $a : h = h : c$ bzw. $h^2 = a c$, so folgt: $c^2 = a^2 + h^2$; quadriert wird $a^2 : h^2 = h^2 : c^2$, und nach Werteinsetzung von c^2 resultiert mit $a^2 : h^2 = h^2 : (a^2 + h^2)$ die quadratische Form des Goldnen Schnittes.

Dadurch ergibt sich in Zusammensetzung bekannter geometrischer Konstruktionen gemäß Fig. 2 die Bestimmung sämtlicher Hauptmaße der Pyramide a, h, c und a, ausgehend von einer gewählten Strecke $d = a + c$. Die Möglichkeit der Ablesung aller vier obigen Gleichungen direkt aus der Figur erübrigt hierbei den Beweis.

Auch diese Zusammenhänge könnten noch immer als belanglose Spielerei des Pyramidenbaumeisters aufgefaßt werden, sie erhalten jedoch sofort einen tiefen und umfassenden Sinn, wenn das aufgefundene Verhältnis des Goldnen Schnittes

$$a : c = c : (a + c)$$

in allen Gliedern mit $4a$ vervielfacht wird. Es entsteht dadurch das
neue Verhältnis

$$4\,a^2 : 4\,ac = 4\,ac : (4\,a^2 + 4\,ac),$$

$$\text{das heißt:} \quad \frac{\text{Grundfläche}}{\text{Mantelfläche}} = \frac{\text{Mantelfläche}}{\text{Gesamtfläche}}$$

oder in Worten:

**Die Gesamtoberfläche der Cheopspyramide erscheint nach dem
Goldnen Schnitte geteilt, derart, daß sich die Grundfläche zur
Mantelfläche wie die Mantelfläche zur Gesamtoberfläche verhält.**

In diesem Oberflächenverhältnis offenbart sich der leitende
Gedanke im Bau der Großen Pyramide in erhabener Einfachheit,
die das Wesen des Bauwerks ist.

Die Flächen sind das Sichtbare, das Wirksame im Eindruck des
Bauwerks, nicht Linien, nicht unsichtbare innere halbe Dreiecksquerschnitte. Das Verhältnis der Flächen bestimmt den körperlichen
Ausdruck, sichtbare große Flächen begrenzen den Körper und bestimmen die Wirkung auf das Auge, nicht Linien, die der Erbauer
nicht sichtbar machen konnte. Das abstrakte halbe Querschnittsdreieck kann nicht bildhaft auf den Beschauer wirken.

Hier gilt insbesondere, was Petrie hervorgehoben hat, daß die
einfachere Theorie immer die bessere sei. Das sinnlich Wahrnehmbare
ist das Wahrscheinlichere oder Richtige. Die Absichten des Erbauers
können nur durch sinnfälligen Ausdruck wirken.

Im folgenden soll die Größe der Wahrscheinlichkeit, daß diese
Flächenbeziehung von dem Erbauer der Pyramide auch wirklich
beabsichtigt war, nach verschiedenen Richtungen hin untersucht
werden. Einzig jedoch diese Absicht als wahrscheinlich zu erweisen,
hieße die vorliegende Aufgabe bei weitem nicht erschöpfen; als wichtiger
noch muß es erscheinen, auf historischer Grundlage auch die erste Voraussetzung für die Verwirklichung einer solchen Absicht zu suchen: das
Vorhandensein der erforderlichen geometrischen Kenntnisse bei dem
Pyramidenerbauer! Die Richtigkeit der hier vertretenen Theorie
muß hierbei um so stärker hervortreten, je einfacher — um nicht zu
sagen ursprünglicher — diese Kenntnisse und Methoden waren, denen
der leitende Baugrundsatz seine Entstehung und seine Umsetzung
in ein Bauwerk verdankte.

Von selbst wird sich bei diesen Untersuchungen die Tatsache
ergeben, daß die gefundene Flächenbeziehung alle bisher aufgestellten
hauptsächlichen Theorien als Teile eines bisher nicht erkannten Ganzen
zwanglos in sich aufnimmt.

1. Abmessungen der Pyramide.

Petrie stellt — wie bereits angeführt — als erste und unerläßliche
Prüfung einer Theorie die Messung, d. h. den Vergleich mit den wirk-
lichen Dimensionen voran, wobei er diese Prüfung als die niedrigste
Klasse eines Beweises wertet.

Die gute Übereinstimmung der hier aufgestellten Theorie mit
den von Taylor und Smyth festgestellten Maßen wurde bereits in
der Tabelle auf S. 5 veranschaulicht. Über die eigentliche Ursache
der Übereinstimmung auch mit diesen Maßen wird noch in den Abschnitten 2 und 8 zu sprechen sein, sie führt direkt zu der — sicherlich
falschen — Annahme, daß die Pyramidenmaßeinheit der heutige
englische Fuß gewesen sei.

Wie einfach aus den absoluten Dimensionen der Pyramide
übrigens hypothetische Längenmaße abgeleitet wurden, davon
ist auch das »Pyramidenmeter« von Piazzi Smyth ein lehr-
reiches Beispiel: Piazzi Smyth erhält durch Teilung der Seitenlänge der Pyramide in 365,2422 gleiche Teile, entsprechend der
genauen Tagezahl des irdischen Sonnenjahres, eine Länge, die
er »mit Recht« das Pyramidenmeter nennt und in 25 Pyramidenzoll
unterteilt[1]).

Kurz darauf wird sodann festgestellt: »Und nun sehen wir noch
deutlicher die erstaunlichen Beziehungen des Pyramidenbaues zum
Bau und Leben unserer Erde, denn der Umfang der Grundfläche der
Pyramide ist nunmehr 36524,2 Pyramidenzoll, eine Zahl, die in merkwürdiger Weise auf die genaue Tagezahl (365,242) im Sonnenjahr
hinweist«[2]).

Es wäre allerdings noch erstaunlicher, wenn die Teilung einer
Pyramidenseite in 365,2422 gleiche Teile, verhundertfacht durch die
Unterteilung der Einheit in 25″ und die Erstreckung auf alle vier
Pyramidenseiten, nicht die Zahl 36524,2 ergeben hätte.

---

[1]) Eyth, »Kampf um die Cheopspyramide«, Heidelberg 1902, Bd. I,
S. 428 ff. (Eyth, »Lebendige Kräfte« weist für ebendiese Angaben störende
Druckfehler und Versehen auf.)
[2]) Ebenda S. 429.

In einem soeben erschienenen Buche[1]) baut Dr. Fritz Noetling auf dieser Grundlage mit einer mathematischen Unwissenheit weiter, welche Verwunderung erregen muß.

Ohne jedwede Kenntnis der bisherigen Forschungen, ohne Kenntnis des Vortrags von Eyth, einzig und allein auf den Angaben des Eyth-schen Romans fußend, nimmt Noetling die vorerwähnten 365,2422 . . . . Teile der Pyramidenseitenlänge als »durch Messung festgestellte ägyptische Ellen zu je 25 Zoll« an. Die Maße des ausgehöhlten Granitblockes in der Königskammer willkürlich durch Vielfache von π ersetzend, leitet er daraus den Ausdruck $\left(\dfrac{10}{3}\right)^3 \cdot \pi^2 = 365{,}5409$ . . . . ab, der nunmehr für ihn die »theoretische Seitenlänge der Pyramide in ägyptischen Ellen« darstellt. Mit diesem »theoretischen« Resultat wird sodann »auszugsweise« auf 180 Seiten unter ständiger Verweisung auf ein demnächst erscheinendes umfangreicheres Werk der Zusammenhang nachgewiesen, der nach Auffassung des Verfassers zwischen den Maßen der Cheopspyramide und dem Planetensystem, den Atomgewichten, den Fließschen Perioden, der Schwangerschaftsdauer des Menschen und der allgemeinen Reihe der Trächtigkeitsdauer der Säugetiere besteht.

Der Wert des Buches wird gekennzeichnet durch die u. a. darin enthaltene Lösung der Quadratur des Zirkels, welche der Verfasser mit den Worten beschließt: ». . . . jedenfalls sprechen die vielen vergeblichen Versuche der Griechen, die ‚Quadratur des Zirkels‘ zu finden, nicht sonderlich für die mathematische Begabung dieses Volkes, denn die Lösung des Problems ist doch so einfach, daß man sich erstaunt fragen muß, wie es nur möglich sein konnte, daß Männer, welche die ganze Mathematik erfunden haben wollten, dieses einfache Problem nicht lösen konnten . . . .« (S. 43/44).

Die Maße von Taylor und Smyth sind jedoch heute durch die bereits erwähnten neuen und sorgfältigen Messungen Petries überholt, der zudem bei jedem Meßresultat die Größe des unvermeidlichen Meßfehlers angibt. Aus diesem Grunde werden bei den folgenden Untersuchungen nur die von Petrie festgestellten Maße berücksichtigt.

---

[1]) Dr. Fritz Noetling, »Die kosmischen Zahlen der Cheopspyramide der mathematische Schlüssel zu den Einheitsgesetzen im Aufbau des Weltalls«, Stuttgart 1921.

Petrie gibt (Abschn. 21 bis 25) die Basis und Höhe der Großen Pyramide in engl. Zoll, sowie den Basiswinkel wie folgt an:

Basislänge . . $2a = 9068,8 \pm 0,65 = 9068,15$ bis $9069,45$
Höhe . . . . . $h = 5776,0 \pm 7,0 = 5769,0$ bis $5783,0$
Basiswinkel . . $a = 51^0 52' \pm 2' = 51^0 50'$ bis $51^0 54'$.

Von den Angaben Taylors und Smyths in engl. Fuß:

$$a = 381,905 \qquad h = 486,2567 \qquad a = 51^0 51' 14,3''$$

unterscheiden sich demnach die von Petrie festgestellten Maße:

$$a = 377,84 \text{ bis } 377,89 \qquad h = 480,75 \text{ bis } 481,91 \qquad a = 51^0 50' \text{ bis } 51^0 54'$$

immerhin beträchtlich.

Da diese von Petrie gegebenen Maße Grenzwerte darstellen, kann mit ihnen nicht wie mit absoluten Größen gerechnet werden; es ist deshalb ein Eingehen auf die dem Pyramidenbau zu Grunde liegende Maßeinheit schon hier erforderlich.

Auf Grund früherer Arbeiten, sowie solcher auf dem Pyramidenfelde von Gizeh kommt Petrie für die altägyptische Elle zu dem Schlusse: »Alles in allem können wir $20,62'' \pm 0,01''$ als den ursprünglichen Wert annehmen und rechnen, daß er sich im Laufe der Zeit durch wiederholtes Kopieren um eine Wenigkeit im Durchschnitt vergrößert hat.« (Petrie, Abschn. 141.)

Die Königskammer, die am sorgfältigsten ausgeführte Kammer im Innern der Großen Pyramide, deren besondere geometrische Eigenschaften in Abschnitt 4 zur Sprache kommen werden, besitzt eine Länge und Breite von $412,24 \pm 0,12$ bzw. $206,12 \pm 0,12$ engl. Zoll (Petrie, Abschn. 155). Petrie ist demnach mit Recht der Überzeugung, daß dem Grundrisse der Königskammer die Dimensionen 20×10 altägyptische Ellen (fernerhin einfach mit »Ellen« bezeichnet) zu je $20,612$ engl. Zoll beigelegt wurden.

Nimmt man aus Gründen, die ihre Erklärung in Abschnitt 3 finden werden, an, daß eine bestimmte gewählte Strecke $d = 576$ Ellen nach dem Goldnen Schnitte geteilt wurde, derart, daß sich verhielt

$$a : c = c : d, \text{ wobei } d = a + c,$$

so ergaben sich als Teilstücke die Hauptdimensionen der Großen Pyramide, und zwar:

$$a = 220,012422 \ldots. \text{ Ellen als halbe Basis,}$$
$$c = 355,987578 \ldots. \qquad » \qquad » \quad \text{Manteldreieckshöhe,}$$
$$\text{somit} \quad \underline{a + c = 576,000000} \qquad » \qquad » \quad \text{Ausgangsstrecke und}$$
$$h = \sqrt{c^2 - a^2} = 279,8601 \ldots. \qquad » \qquad » \quad \text{Höhe,}$$

bzw. in engl. Zoll, die Elle mit dem Königskammer-Ellenmaß von 20,612″ gerechnet:

Basis . . . $2a = 9069,79″$ gegen obere Grenze Petrie 9069,45″
Höhe . . . $h = 5768,476″$,   » untere » » 5769,0″
Basiswinkel $a = 51°49′38,2″$ » » » » 51°50′.

Berücksichtigt man die Grenzen der Ausführungsgenauigkeit, so muß schon diese Übereinstimmung als eine gute bezeichnet werden.

Trotzdem ist aus Ursachen, auf die in Abschnitt 5 eingegangen wird, die Annahme zwingend, daß der Pyramidenbaumeister diese Teilstücke in solcher Genauigkeit nicht berechnen konnte, sondern sie im Wege einer geometrischen Konstruktion suchen mußte. Durch Konstruktion konnten sich aber, selbst bei Absteckung in natürlicher Größe, kaum andere als die Näherungswerte

$$a = 220 \text{ Ellen} \quad \text{und} \quad c = 356 \text{ Ellen}$$

ergeben, weil die in Hinsicht auf die absolute Größe der theoretischen Werte geringen Differenzen von 0,0124 Ellen (gleich 6,5 mm $=$ $\dfrac{1}{18000}$ bezw. $\dfrac{1}{29000}$ der Meßstrecken) durch unvermeidliche Meßfehler überdeckt werden mußten. Aber auch für den Fall, daß dem Pyramidenerbauer eine rechnerische Nachprüfung — welche des Nichtauftretens von Quadratwurzeln wegen sich einfacher gestaltete als die Erstberechnung — zeigte, daß bei diesen Ganzzahlen das Verhältnis $\dfrac{a}{c}$ etwas abweichend von $\dfrac{c}{a+c}$ war, konnte ihm seine daraufhin vielleicht mehrfach wiederholte Konstruktion aus obigem Grunde doch keine anderen Resultate liefern. Erfahrene Einsicht mußte ihm sagen, daß genauere als die Konstruktionswerte für die Bauausführung zwecklos sein mußten.

Wurden für a und c demnach in bewußter oder unbewußter Annäherung die ganzzahligen Werte als Ausführungsmaße angenommen, so war die natürliche Folge, daß auch die Höhe $h = 279,8601...$ Ellen den Ausführungswert $h = 280$ Ellen erhielt und sich damit folgende endgültige Dimensionen in engl. Zoll ergaben:

Basis . . . $2a = 440 \times 20,612 = 9069,28$
Höhe . . . $h = 280 \times 20,612 = 5771,36$
Basiswinkel $a = 51°50′34″$,

welche Werte ohne Ausnahme sich innerhalb der Petrieschen Grenzen befinden.

Eine Feststellung, ob die theoretischen oder die Näherungswerte Anwendung fanden, wäre heute — eben der Ausführungs- und Meßfehler wegen — auch bei vollständig erhaltenem Bauwerke unmöglich. Für die große Wahrscheinlichkeit der Verwendung der ganzzahligen Werte spricht aber einmal ihre — trotz der geringen Abweichung von den theoretischen Werten — immerhin merklich bessere Übereinstimmung mit den Petrieschen Abmessungen, das anderemal die ungemeine Einfachheit der Ganzzahlen, da Einfachheit — in der Theorie sowohl wie in der Ausführung der Pyramide — sich immer mehr als das hervorragendste Kennzeichen des ganzen Baues erweist. Weitere Gründe, die für die Verwendung der Ganzzahlen sprechen, werden in Abschnitt 3 erörtert werden.

Für die Theorie an sich schließlich besitzt die seinerzeitige Wahl dieser oder jener Werte um so weniger Bedeutung, als nach den folgenden Untersuchungen mit großer Sicherheit vermutet werden muß, daß dem Pyramidenerbauer theoretisch richtige Konstruktionen des Goldnen Schnittes bekannt waren.

2. Stereometrische Eigenschaften der Pyramide.

Unterliegt sonach die Annahme, die Große Pyramide sei in ihrem Oberflächenverhältnisse auf das Verhältnis des Goldnen Schnittes begründet, in Hinsicht auf die wirklichen durch Messung gefundenen und heute allgemein anerkannten Dimensionen wohl kaum mehr einem Zweifel, so sind andrerseits die merkwürdigen stereometrischen Beziehungen ihrer Dimensionen mit der Teilung ihrer Oberfläche nach dem Goldnen Schnitte noch keineswegs erschöpft.

Es folgt aus den Hauptgleichungen

$$a : c = c : d, \text{ wobei } d = a + c,$$

und

$$a : h = h : c, \quad \text{»} \quad c^2 = a^2 + h^2,$$

für das halbe rechtwinklige Querschnittsdreieck mit den Katheten a und h und der Hypotenuse c:

$a : h = h : c$ . . . Dreieckseiten stehen in stetigem Verhältnis,

$a^2 : h^2 = h^2 : (a^2 + h^2)$ Quadrate der Dreieckseiten stehen im Verhältnis des Goldnen Schnittes, Kathetenquadrate teilen demnach Hypotenusenquadrat ebenfalls im Verhältnis des Goldnen Schnittes;

für die gesamte Pyramide:

$$h^2 = ac \ \ldots \ldots \text{Quadrat üb. Höhe} = \text{Manteldreieck,}$$

$$4h^2 = 4ac \ \ldots \text{Quadrat üb. dop-}$$
pelter Höhe . . = Mantelfläche,

$$4c^2 = 4a^2 + 4ac \ \ \text{Quadrat üb. dop-}$$
pelter Mantel-
dreieckshöhe . . = Gesamtoberfläche,

$$4(a^2 + h^2) = 4a^2 + 4ac \ \ \text{4 fache Summe}$$
d. Quadrate üb.
halber Seiten-
länge und Höhe = Gesamtoberfläche,

$$2(a^2 + h^2 + c^2) = 4a^2 + 4ac \ \ \text{2 fache Summe}$$
d. Quadrate üb.
halber Seiten-
länge, Höhe und
Manteldreiecks-
höhe . . . . . = Gesamtoberfläche,

$$4ad = 4a^2 + 4ac \ \ \text{4 faches Rechteck}$$
über halber Sei-
tenlänge und
Summe von $a+c$ = Gesamtoberfläche.

Bemerkenswert erscheint weiter, daß nicht nur die Grundfläche, sondern auch die Mantel- und Gesamtoberfläche je gleich sind dem Quadrate einer verdoppelten Seite des halben Pyramiden-Querschnittsdreiecks. Es ist

Grundfläche . . . . . $= 4a^2$,
Mantelfläche . . . . $= 4h^2$,
Gesamtoberfläche . . $= 4c^2$.

Stimmt man der Annahme zu, daß der Schöpfer der Pyramide, der mit ihrem Baumeister nicht identisch zu sein braucht, durch seine mathematischen Kenntnisse imstande war, den Bau der Pyramide in der hier vertretenen Weise auf das Verhältnis des Goldnen Schnittes zu begründen, so ist auch der Schluß berechtigt, daß ihm die vorstehenden Beziehungen zum Teil oder insgesamt bekannt waren. Trifft dies aber zu, so wäre es im Geiste der damaligen Zeit wohl zu verstehen, daß Menge sowohl wie Art dieser ungewöhnlichen Beziehungen dem Verhältnisse, das die Ursache von alledem war, den Stempel des Wunderbaren aufprägte, und daß der Gedanke Raum gewinnen konnte, dieses wunderbare Verhältnis in einem massigen Bauwerke verkörpert der Nachwelt zu überliefern.

Als Form desselben eignete sich die vierseitige quadratische, entsprechend bemessene Pyramide wohl am besten, denn nur an dieser treten die erwähnten Beziehungen in solcher Mannigfaltigkeit und doch zugleich in solch ursprünglicher geometrischer Einfachheit auf, daß dadurch noch heute unsere Bewunderung erregt wird. Die Frage nach dem eigentlichen Zwecke des Bauwerks soll hierdurch nicht berührt werden, denn das Bauwerk an sich konnte sehr wohl gleichzeitig anderen Ursachen seine Entstehung verdanken oder einem Zwecke dienen, der nicht im Zusammenhang mit den baulichen Grundsätzen der Pyramide zu stehen brauchte.

Die oben angeführten geometrischen Beziehungen sind außerdem frei von dem Vorwurfe, der Wunsch sei auch hier der Vater des Gedankens und lese aus den Maßen der Pyramide nicht nur etwas heraus, was niemals darin gelegen, sondern versuche, wie so oft, die Anpassung der Dimensionen an die Theorie, statt den umgekehrten Weg zu verfolgen. Demgegenüber ist es nötig, darauf hinzuweisen, daß die hier aufgestellte Oberflächentheorie, weil Verhältnistheorie, von den durch Messung gewonnenen absoluten Dimensionen unmittelbar überhaupt nicht abhängt. Da jeder gewissenhafte Forscher nur die ihm und seinen Instrumenten eigentümlichen Meßfehler begangen haben kann, die den gemessenen Strecken jederzeit mehr oder weniger proportional sind, so ist klar, daß die Verhältnisse dieser Meßresultate auch bei verschiedenen Forschern den gleichen Wert ergeben können. Hierdurch findet die — auf den ersten Blick nicht recht erklärliche — gute Übereinstimmung der hier vertretenen Theorie sowohl mit den Dimensionen von Taylor und Smyth als auch mit denen von Petrie ihre einwandfreie Aufklärung, trotz des Umstandes, daß die absoluten Meßresultate dieser Forscher beträchtlich voneinander abweichen. Erscheint in der Verhältnistheorie demnach der unmittelbare Einfluß der Messungen ausgeschaltet, so stellen die oben angegebenen Beziehungen den abstrakten geometrischen Inhalt der Theorie dar, welcher als solcher unanfechtbar ist.

Die Vermutung, daß diese stereometrischen Beziehungen bei dem Entwurf der Großen Pyramide eine Rolle gespielt haben, findet Erwähnung auch bei Hankel:

»Wie es auch sei, jedenfalls muß — so meinte man — die Form der Pyramide irgendeinen bestimmten geometrischen Grund haben. Eine vermeintliche Nachricht der Alten, wonach der Zweck dieser Bauwerke sei, ‚daß ihre Seitenfläche das Quadrat ihrer Höhe bilde‘, konnte

diese Ansicht unterstützen«[1]). Hankel führt hierzu allerdings in einer
Fußnote an: »Sir John Herschel gibt (Athenäum 1860, April, S. 582)
hierfür Herodot als Gewährsmann. Doch gestattet die betreffende
Stelle, welche die Maße der Pyramide gibt (L. II. c. 124 am Ende),
diese weitgehende Auslegung nicht.«

In der Sache muß Hankel Recht gegeben werden, denn die betreffende Stelle: »Sie ist viereckig, und jede Seite hält acht Plethra in
der Länge, welcher die Höhe gleich ist«[2]), ist in Hinsicht auf die wirklichen Pyramidendimensionen nichtssagend. Dieser Stelle eine bestimmte Deutung zu geben, ist auch bisher keinem Kommentator
gelungen. Die Interpretation Herschels konnte aber hier nicht weiter
verfolgt werden, da dem Verfasser die angeführte Quelle nicht er-
reichbar war. Beruht jedoch diese »vermeintliche Nachricht der
Alten« auf irgendwelchen Tatsachen, so verwechselt diese Überliefe-
rung zwar den »Zweck« mit einer »Eigenschaft« des Baues, ist in der
Sache selbst aber vollständig zutreffend.

Petrie nimmt bei der Zusammenstellung verschiedener Theorien
über den Basiswinkel α, ohne über ihre Herkunft Näheres anzugeben,
von der erwähnten Eigenschaft ebenfalls Notiz in folgender Form:
»Seitenfläche = Fläche der Höhe im Quadrat (oder sin = cotg und
viele andere Beziehungen)«. (Petrie, Abschn. 145.)

Und hier muß ein Umstand Verwunderung erregen: Sobald,
einerlei auf welche Weise, die obige Flächenbeziehung

$$a \cdot c = h^2$$

erkannt war und hieraus unter anderem auch

$$\frac{a}{h} = \frac{h}{c} = \operatorname{cotg} \alpha = \sin \alpha$$

gebildet wurde, bedurfte es nur noch eines Schrittes, um die hier vertretene Oberflächentheorie zu entdecken. Denn vorstehende Gleichung
gibt quadriert und vervierfacht

$$\frac{4\,a^2}{4\,h^2} = \frac{4\,h^2}{4\,c^2},$$

woraus wegen $c^2 = a^2 + h^2$ und $h^2 = a \cdot c$ unmittelbar

$$\frac{4\,a^2}{4\,a\,c} = \frac{4\,a\,c}{4\,a^2 + 4\,a\,c},$$

das Oberflächenverhältnis der Pyramide, resultiert.

---

[1]) H. Hankel, »Zur Geschichte der Mathematik in Altertum und Mittelalter«, Leipzig 1874, S. 74. (Fernerhin als »Hankel, Geschichte« angeführt.)

[2]) Herodotus, Buch II. Kap. 124, bezw. Goldhagensche Übersetzung
»Herodotus«, München und Leipzig 1911, S. 191.

3. Zahleneigenschaften der Hauptdimensionen.

Es ist von Interesse, nunmehr der Ursache nachzugehen, welche den Baumeister bestimmte, für das Ausgangsmaß $d = a + c$ des Pyramidenbaues gerade die Zahl von 576 Ellen zu wählen. Würde die Pyramide als Bauwerk keinen bestimmten geometrischen -Gedanken verkörpern, so müßte es als eine natürliche Folge der Bodenflächendimensionierung der Königskammer mit 20×10 Ellen erscheinen, daß auch Höhe und Grundlinie der Pyramide ähnliche Zahleneinfachheit aufweisen. Dies ist aber nicht der Fall, und dafür muß — wenn nicht wieder vollständige Planlosigkeit angenommen werden soll — ein bestimmter Grund vorhanden gewesen sein.

Schon Hankel erkannte in den ägyptischen Bauten die große, ungekünstelte Einfachheit als das Kennzeichnende. Daß sie auch den Entwurf der Großen Pyramide beeinflußte, um nicht zu sagen: beherrschte, ist nach den bisherigen Ausführungen zweifellos und gibt auch hier die Lösung des Rätsels.

Nach Festlegung des Oberflächenverhältnisses mußte der Baumeister erkennen, entweder, daß ihm eine Berechnung der Hauptdimensionen unmöglich sei, oder, daß er bei ihrer Durchführung für die Maße der Pyramide Zahlenwerte erhielt, die wir heute als irrationale bezeichnen. In dem einen wie dem andern Falle entstand daher schon mit Rücksicht auf die Bauausführung die Aufgabe, das beabsichtigte Oberflächenverhältnis in möglichster Einfachheit — wenn auch nur angenähert — mit ganzen Zahlen zu erreichen. Nichts natürlicher sodann als der Versuch, diese Einfachheit mit möglichst weitgetriebener Annäherung an das theoretische Resultat zu verbinden, welche Annäherung durch $\dfrac{a}{c} = \dfrac{c}{a + c}$ rechnerisch verhältnismäßig leicht auf ihre Genauigkeit nachzuprüfen war.

Vermutungen darüber anzustellen, auf welchem Wege dieses im folgenden des näheren untersuchte Resultat erreicht wurde, wäre müßig; es gibt indes — da zahlenmäßig nicht bestreitbar — einen weiteren Beleg dafür, welche Überlegung bei jeder Einzelheit des Baues gewaltet hat.

Wird, von 1 : 2 ausgehend, entsprechend dem Gesetze $\dfrac{a}{c} = \dfrac{c}{a + c}$ die Verhältnisreihe

$$\frac{1}{2} \approx \frac{2}{3} \approx \frac{3}{5} \approx \frac{5}{8} \approx \frac{8}{13} \approx \frac{13}{21} \approx \frac{21}{34} \approx \frac{34}{55} \approx \frac{55}{89} \approx \frac{89}{144} \approx \frac{144}{233} \approx \text{u. s. f.}$$

gebildet, so stellt diese eine ganzzahlige Näherungsreihe des

Goldnen Schnittes dar, welche —| in ihren aufeinanderfolgenden Gliedern abwechselnd kleiner und größer als der theoretische Wert $\frac{a}{c} = \frac{1}{2} \cdot (-1 + \sqrt{5}) = 0,618034\ldots$ — dem letzteren mit wachsenden Gliedern fortwährend näher kommt. Es weist z. B. $\frac{144}{233} = 0,618026\ldots$ gegenüber dem theoretischen Werte nur noch einen Unterschied von 0,000008 auf.

Es ist allgemein nachweisbar, daß jedes andere Verhältnis, welches mit seinem Nenner zwischen den Nennern zweier aufeinanderfolgenden Verhältnisse der vorstehenden Reihe liegt, eine schlechtere Annäherung an den theoretischen Wert des Goldnen Schnittes liefert als das voraufgehende Verhältnis der Reihe, trotzdem dessen Nenner kleiner ist. Die Verhältnisse der Reihe haben daher als die **absolut besten ganzzahligen Näherungswerte** zu gelten, die überhaupt möglich sind[1]).

Werden nun für die Dimensionen a und c der Pyramide Werte dieser Reihe oder Vielfache davon angenommen, so ist deren Annäherung an die Theorie um so größer, je höhere Reihenglieder zur Verwendung gelangen. Wird jedoch die weitere Bedingung gestellt, daß auch $h = \sqrt{c^2 - a^2}$ in gleich guter Annäherung durch einen ganzzahligen Wert zwischen 200 und 300 Ellen (der jedenfalls von vornherein beabsichtigten Höhe des Bauwerks) ersetzt werden soll, so leisten offenbar nur noch wenige der obigen Reihenglieder gleichzeitig diesen Bedingungen Genüge.

Die nachfolgende Tabelle gibt eine Übersicht über die hier in Frage kommenden ganzzahligen Werte, resultierend aus einer entsprechenden Vervielfachung der Reihenglieder zur Erreichung der Höhe h zwischen 200 und 300 Ellen:

$\frac{a}{c} =$	$\frac{70}{70} \cdot \frac{3}{5}$	$\frac{50}{50} \cdot \frac{5}{8}$	$\frac{25}{25} \cdot \frac{8}{13}$	$\frac{16}{16} \cdot \frac{13}{21}$	$\frac{10}{10} \cdot \frac{21}{34}$	$\frac{5}{5} \cdot \frac{34}{55}$	$\frac{4}{4} \cdot \frac{55}{89}$	$\frac{2}{2} \cdot \frac{89}{144}$
$a =$	210	250	200	208	210	170	220	178
$c =$	350	400	325	336	340	275	356	288
$h =$	280	310	255	264	267	216	280	226
$a + c =$	560	650	525	544	540	445	576	466

Aus der Durchrechnung dieser Zahlen ergibt sich, daß der Reihenwert $\frac{55}{89}$ den zuvor gestellten Bedingungen am besten entspricht, denn

---

[1]) Näheres hierüber, sowie über die allgemeine Ableitung der Reihe bei H. E. T i m e r d i n g, »Der Goldne Schnitt«, Leipzig 1919, S. 13—29.

die aus ihm abgeleiteten Ganzzahlen nähern sich dem Goldnen Schnitte wegen $\frac{a}{c} = \frac{55}{89} = 0{,}617980 \ldots$ bis auf $0{,}000056$ und der pythagoreischen Bedingung wegen $\frac{c^2 - a^2}{h^2} = \frac{89^2 - 55^2}{70^2} = 0{,}999183 \ldots$ bis auf $0{,}000817$.

Die aus anderen Reihenwerten abgeleiteten Zahlen dagegen weisen der einen oder der andern oder beiden Bedingungen gegenüber durchweg. größere Unterschiede auf.

Die Zahlen $a = 220$, $c = 356$, $h = 280$ und $d = a + c = 576$, aufgebaut auf dem Reihenwerte $\frac{55}{89}$, stellen daher die bestmögliche ganzzahlige Annäherung an die theoretische irrationale Dimensionengruppe dar, die aus dem beabsichtigten Oberflächenverhältnis der Pyramide resultiert. Auf welchem Wege diese Annäherung seinerzeit gefunden wurde, ist heute wohl nicht mehr festzustellen, außerdem eine Frage von sekundärer Bedeutung; ging dieser Weg jedoch, wie angenommen werden muß, über das Grundverhältnis $\frac{55}{89}$, so bleibt noch die Frage zu beantworten, warum nicht das Drei- oder Fünffache dieses Verhältnisses, sondern gerade das Vierfache desselben den Dimensionen der Pyramide zu Grunde gelegt wurde.

Sicher war für $d = a + c = 4 \cdot (55 + 89)$ eine gewisse beabsichtigte Höhe des Bauwerks in erster Linie maßgebend, bei der Wahl der Ausgangsgröße 576 hat aber wohl auch der Umstand eine große Rolle gespielt, daß diese Größe durch eine in vieler Hinsicht ausgezeichnete Zahl dargestellt wird.

Es seien hier, den jedenfalls einfachen Gedankengängen der alten Ägypter folgend, nur einige Eigenschaften dieser merkwürdigen Zahl angeführt. Es ist

$$
\begin{aligned}
576 &= 1^2 \cdot 2^2 \cdot 3^2 \cdot 4^2 = 1 \cdot 2 \cdot 3 \cdot 4 \cdot 4 \cdot 3 \cdot 2 \cdot 1 \\
&= 1 \cdot (1 + 3 + 5 + \ldots + 45 + 47) = 1^2 \cdot 24^2 \\
&= (1 + 3) \cdot (1 + 3 + 5 + \ldots + 21 + 23) = 2^2 \cdot 12^2 \\
&= (1 + 3 + 5) \cdot (1 + 3 + 5 + \ldots + 13 + 15) = 3^2 \cdot 8^2 \\
&= (1 + 3 + 5 + 7) \cdot (1 + 3 + 5 + 7 + 9 + 11) = 4^2 \cdot 6^2 \\
&= 1 \cdot (1 + 3) \cdot (1 + 3 + 5) \cdot (1 + 3 + 5 + 7) \\
&= 1 \cdot (1 + 3) \cdot (3 + 6) \cdot (6 + 10) \ldots, \text{ wobei } 1, 3, 6, 10 = \\
& \text{vier erste Dreieckszahlen,} \\
&= (1 + 2 + 1) \cdot (1 + 2 + 3 + 2 + 1) \cdot (1 + 3 + 5 + 7)
\end{aligned}
$$

$$576 = 4 \cdot (1+2+3) \cdot (1+2+3) \cdot 4 = (4+8+12)^2$$
$$= 2^2 \cdot (1^3+2^3+3^3) \cdot 2^2$$
$$= 2^3 \cdot (1^3+2^3) \cdot 2^3 = 3^2 \cdot 4^3 = 3^2 \cdot (6^3-5^3-3^3) = 4^3+8^3$$
$$= (1+3+5+7) \cdot [(2+4+6+8)+(1+3+5+7)] =$$

16 fache Tetraktys der Pythagoreer.

Außerdem ist nach obigem:
$$576 = 2^2 \cdot 12^2$$
$$= 3^2 \cdot 8^2$$
$$= 4^2 \cdot 6^2,$$

worin die mittleren Grundzahlen der Vertikalkolonnen:

$$3 = \frac{2+4}{2} \quad \text{das arithmetische Mittel und}$$

$$8 = \frac{2 \cdot (6 \cdot 12)}{6+12} \quad \text{das harmonische Mittel}$$

zwischen den beiden äußeren Grundzahlen der gleichen Kolonne darstellen und sowohl das Faktorenprodukt der ersten Kolonne als auch der Quotient aus den Faktoren-Produkten beider Kolonnen wieder die Zahl 576 ergibt, denn es ist

$$2^2 \cdot 3^2 \cdot 4^2 = \frac{12^2 \cdot 8^2 \cdot 6^2}{2^2 \cdot 3^2 \cdot 4^2} = 576.$$

Bei Hinzunahme des Produktes $1^2 \cdot 24^2 = 576$ ist in ähnlicher Weise auch $\quad \dfrac{24 \cdot 12 \cdot 8 \cdot 6}{1 \cdot 2 \cdot 3 \cdot 4} = 576.$

Bemerkenswert ist weiter die große Teilerzahl (21, 16 und 16), welche nicht nur bei der Zahl 576, sondern auch bei der Basis 440 und der Höhe 280 auftritt.

Das sind Zahlenspielereien — zugegeben —, jedoch nur an unseren heutigen Anschauungen gemessen, denen die zahlentheoretischen Zusammenhänge geläufig sind. Doch sollte man diese Zahlenspielereien nicht zu niedrig schätzen; der Weg zu dem — heute noch nicht ausgebauten — Gebäude der Zahlentheorie führte sicherlich von der Zahlenmystik der barbarischen Völker über derartige 'Zahlenmerkwürdigkeiten zu den Gedankengängen eines Diophant und darüber hinaus zu den einsamen Höhen von Bachet, Fermat und Pascal.

Cantor kommt bei Besprechung babylonischer Zahlensymbolik zu gleichem Resultate: »Wir ziehen zunächst nur den Schluß, um dessentwillen wir alle diese Dinge vereinigt haben, daß die Babylonier in ältester Zeit Zahlenspielereien sich hinzugeben liebten, die bei ihnen allerdings ernsten magischen Charakter trugen, und daß von ihnen Ähnliches zu anderen Völkern übergegangen ist.«

»Es ist keineswegs unmöglich, daß aus den magischen Anfängen sich die Beachtung von merkwürdigen Eigenschaften der Zahlen entwickelte, daß eine Vorbedeutungs-Arithmetik bei ihnen sich zur Kenntnis zahlentheoretischer Gesetze erhob«[1]).

Die eigentümliche Anziehungskraft, welche die »tiefen Geheimnisse des aus so einfachen Elementen aufgebauten Systems der ganzen Zahlen« (nach Hankel) schon frühzeitig ausübten, mag der Übertragung einer Zahlenmystik nach Ägypten Vorschub geleistet haben, sie kann dort aber auch selbständig entstanden sein.

Wenn jedoch Cantor für ein bedeutend späteres Zeitalter zu der Überzeugung kommt: ».... die der Arithmetik nahestehende Zahlen-symbolik war so recht eigentlich altpythagoreisch«[2]), so beweist diese historisch gesicherte Tatsache die Wichtigkeit, welche den Zahlen-figurationen noch zu einer Zeit beigelegt wurde, wo man bereits begonnen hatte, die bezüglichen Zusammenhänge als gesetzmäßige zu erkennen.

Als weiterer Beleg hierfür kann noch folgende Stelle Cantors angesehen werden: »Bei Plutarch wird den Pythagoreern nacherzählt, die sog. Tetraktys oder 36 sei, wie ausgeplaudert worden ist, ihr höchster Schwur gewesen; man habe dieselbe auch das Weltall genannt, als Vereinigung der vier ersten Geraden und Ungeraden (Plutarch, De Iside et Osiride, 75), das heißt:

$$36 = 2 + 4 + 6 + 8 + 1 + 3 + 5 + 7 \text{«}[3]).$$

Nun tritt, wie oben gezeigt, die Zahl 576 als das 16 fache dieser pythagoreischen Tetraktys auf, es wäre demnach nicht absonderlich, wenn, wie so vieles in der griechischen Mathematik, auch die Tetraktys der Pythagoreer auf ägyptischem Boden bereits Vorläufer gehabt hätte. Hierüber wird noch manches in Abschnitt 11 zu sagen sein. Hier genügt es, auf die merkwürdigen Eigenschaften der Zahl 576, die das Ausgangsmaß für den Pyramidenbau bildete, hinzuweisen und die Vermutung auszusprechen, daß diese Eigenschaften — dem Pyramidenerbauer mehr oder weniger bekannt — mit Veranlassung gewesen sein können, dem Ausgangsmaße eben diese Größe zu geben.

Geht aus dem vorstehenden die bewußte Wahl einer Ausgangs-strecke $d = 576$ Ellen mit ziemlicher Sicherheit hervor, so sind damit auch die Basislänge $2a = 440$ Ellen und die Höhe $h = 280$ Ellen

---

[1]) Cantor, »Geschichte«, I. S. 44.
[2]) Ebenda S. 157.
[3]) Ebenda S. 42,

festgelegt als von allem Anfang an beabsichtigte Dimensionen der Pyramide. Dann fällt mit diesen einfachen Zahlen
auch die von verschiedenen Forschern (Lepsius, Erbkam, Ebers und
Borchardt) vertretene Theorie der schichtweisen Entstehung der
Pyramiden zum mindesten für die Große Pyramide, und Petrie, der
diese Theorie bekämpft und die Anschauung vertritt, daß bei der
ersten Anlage schon die endgültigen Dimensionen vorgesehen wurden
(Abschn. 122—124), hat auch hier wieder richtiges Gefühl bewiesen.

4. Geometrische Beziehungen innerhalb der Königskammer.

Nach Petrie (Abschn. 155) sind die Dimensionen der Königskammer folgende:

$$\text{Breite} \ldots \ldots = 206{,}12 \pm 0{,}12 \text{ engl. Zoll}$$
$$\text{Länge} \ldots \ldots = 412{,}24 \pm 0{,}12 \text{ » »}$$
$$\text{Höhe über Boden} = 230{,}09 \pm 0{,}15 \text{ » »}$$

Entsprechend der von ihm festgestellten Größe der ägyptischen
Elle von 20,612 engl. Zoll ergibt sich die

$$\text{Breite} \ldots \ldots = 10 \quad \pm 0{,}0058 \text{ Ellen, quadriert} = 100 \ \square \text{ Ellen}$$
$$\text{Länge} \ldots \ldots = 20 \quad \pm 0{,}0058 \text{ » }, \quad \text{ » } = 400 \text{ »}$$
$$\text{Höhe über Boden} = 11{,}163 \pm 0{,}0073 \text{ » }, \quad \text{ » } = 125 \text{ »}$$
$$\text{(genau } 124{,}612 \ldots \ldots\text{)}.$$

Petrie kommt auf Grund dessen zu dem Schlusse, daß die Höhe
durch die Theorie der Quadrate der Abmessungen erklärt sei: »So
stimmt diese Theorie mit den Tatsachen überein innerhalb eines
Bereichs, der nur um ein geringes größer ist als der kleine Bereich der
wahrscheinlichen Fehler. Aus dem Umstande, daß die Quadrate der
Hauptdimensionen ganze Zahlen sind, folgt notwendig, daß auch die
Quadrate aller Diagonalen ganzzahlig sind, und ein Ergebnis: daß
nämlich die Höhe die Hälfte der Diagonale des Fußbodens ist, ist
sehr ansprechend und mag wohl der Ursprung der Höhe gewesen sein. «
(Petrie, Abschn. 155.)

Auch hier ist eine Einzelheit — die Höhe — bezüglich ihres Ursprungs richtig beurteilt, der tiefere Sinn dieses Ursprungs jedoch
nicht erkannt worden. Daß Petries »Theorie der Quadrate der Abmessungen« nicht als eine besondere Theorie angesprochen werden
kann, zeigt gerade die Dimensionierung der Königskammer. Sobald
Länge und Breite eines Parallelepipedons ganzzahlige durch 5 teilbare Abmessungen erhalten und seine Höhe gleich seiner halben
Bodendiagonale gemacht wird, müssen sich nach Pythagoras die Qua-

drate sämtlicher Dimensionen einschließlich der Oberflächen- und Raumdiagonalen als ganzzahlige durch 25 teilbare Größen ergeben, eine geometrische Selbstverständlichkeit, die nicht besonders bemerkenswert wäre.

Die Bemessung der Höhe gleich der halben Bodendiagonale dient jedoch einem Zwecke von weitaus größerer Bedeutung als nur dem, die erwähnten Eigenschaften hervorzurufen. Die Königskammer stellt infolge dieser Bemessung ihrer Höhe in ganz eigenartiger Weise den Zusammenhang zwischen dem Goldnen Schnitt und dem pythagoreischen Lehrsatz dar und fügt sich damit nicht nur restlos in die hier vertretene Theorie ein, sondern gibt darüber hinaus sogar einen Fingerzeig, in welcher Weise der Baumeister die Konstruktion des Goldnen Schnittes bewerkstelligte. Und sie gibt noch mehr, sie erhellt möglicherweise das Dunkel des Weges, auf welchem der Goldne Schnitt überhaupt gefunden wurde. Ist gemäß Fig. 3 b die Breite und $l = 2b$ die Länge der Königskammer, so wird die

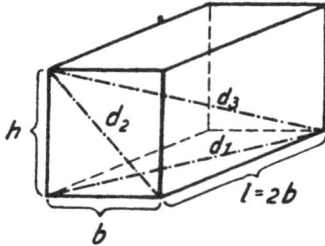
Fig. 3.

$$\text{Bodendiagonale} \dots\dots\dots\dots\dots d_1 = b \sqrt{5}$$

$$\text{Höhe} = \text{halber Bodendiagonale} \dots\cdot h = \frac{b}{2} \sqrt{5}$$

$$\text{Querwanddiagonale} \dots\dots\dots\dots d_2 = \frac{3}{2} \cdot b$$

$$\text{Raumdiagonale} \dots\dots\dots\dots\dots d_3 = \frac{5}{2} \cdot b$$

Zieht man die drei genannten Diagonalen, so entstehen drei rechtwinklige Dreiecke von folgenden Dimensionen:

das Bodendreieck mit Hypotenuse d_1 und Katheten b und l,

» Querwanddreieck » » d_2 » » b » h,

» Diagonaldreieck » » d_3 » » d_2 » l.

Werden in den beiden ersten Dreiecken die Differenzen einmal zwischen Hypotenuse und kleiner bzw. großer Kathete, das andremal zwischen Kathetensumme und Hypotenuse gebildet, so ergeben sich folgende Werte:

für das Bodendreieck
$$\left. \begin{array}{ll} n = d_1 - b & = b(-1 + \sqrt{5}) \\ m = b + l - d_1 & = b(3 - \sqrt{5}) \end{array} \right\} m + n = l = 2b,$$

f. das Querwanddreieck $m_1 = d_2 - \dfrac{d_1}{2}\quad = \dfrac{b}{2}(3 - \sqrt{5})$

$$n_1 = b + \dfrac{d_1}{2} - d_2 = \dfrac{b}{2}(-1 + \sqrt{5})$$

$\left.\vphantom{\begin{matrix}a\\a\\a\end{matrix}}\right\}\; m_1 + n_1 = b.$

Wie leicht nachzuweisen, verhält sich demnach

$$m : n \ = n : l, \text{ wobei } l = m + n,$$
$$m_1 : n_1 = n_1 : b, \quad \text{»} \quad b = m_1 + n_1,$$

das heißt: Durch Bildung algebraischer Summen einfachster Form aus den Hauptdimensionen der Königskammer ergeben sich die einzelnen Abschnitte der nach dem Goldnen Schnitte geteilten Länge und Breite dieser Kammer.

Als Folge der eigentümlichen Dimensionierung der Königskammer erscheint daher in ihr — in räumlicher Verkörperung wieder von größter geometrischer Einfachheit — der leitende Baugrundsatz der Pyramide in neuer Form.

Die Königskammer zeigt aber noch mehr: Die Teilung von l in m und n führt auf die bekannte Konstruktion in Fig. 4, die von b in

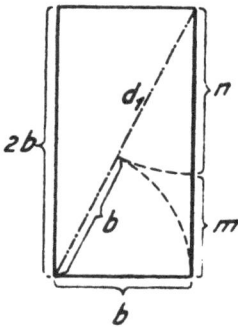

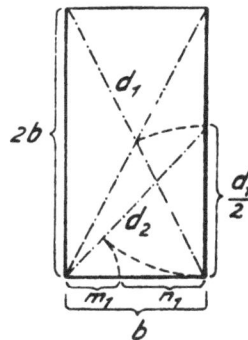

Fig. 4.   Fig. 5.

m_1 und n_1 auf die dem Verfasser bisher noch nicht begegnete Konstruktion in Fig. 5, welche nach dem vorhergehenden leicht verständlich ist und geometrisch wie algebraisch ebenso einfach bewiesen werden kann wie erstere. Im Hinblick auf diese Dimensionierung der Königskammer muß angenommen werden, daß dem Pyramidenerbauer beide Konstruktionen geläufig waren, wenn auch die Abschnitte ursprünglich nur durch einfaches Aneinanderlegen von Seiten und Diagonalen gebildet worden sein mögen. Und damit eröffnet die Königskammer einen weiteren, historisch interessanten Ausblick — sie weist den Weg, den möglicherweise der erste Entdecker des Goldnen Schnittes gegangen.

Am Anfange jeder Wissenschaft steht niedrigste Empirie. Der Aufstieg führte in diesem Falle über das Quadrat zum Doppelquadrat, dem ersten Rechteck und beliebten Grundriß ägyptischer Bauten. Das erste Problem, das analog dem Quadrate auch bei dieser Figur sofort hervortrat, war die Inkommensurabilität der Seiten und Diagonalen. Da diese Strecken einer Messung mit gleichem Maße unüberwindliche Schwierigkeiten entgegensetzten, erschien es naheliegend, entsprechende Versuche auch mit Differenzen dieser Strecken vorzunehmen. Die sich zunächst darbietenden Differenzen waren die zwischen Diagonale und je einer Seite, sowie die zwischen der Summe zweier ungleichen Seiten und der Diagonale, oder algebraisch ausgedrückt nach Fig. 6:

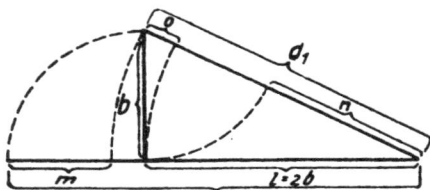

$$m = b + l - d_1,$$
$$n = d_1 - b,$$
$$o = d_1 - l.$$

Fig. 6.

Auf diesem Wege fortschreitend, gelangte man zur Summe und Differenz der neuen Strecken und erhielt mit Rücksicht auf deren absolute Größe

$$m + n = l,$$
$$n - m = 2o,$$

ohne jedoch dem Resultat der gestellten Aufgabe, der Auffindung eines gemeinsamen Maßes zwischen l und d, näherzukommen.

Die ersterhaltenen Streckendifferenzen m und n, sowie deren weitere Summe und Differenz l und $2o$ wiesen jedoch in der Reihenfolge

$$2o \qquad m \qquad n \qquad l$$

anscheinend gleichmäßiges Wachstum auf, und tatsächlich zeigte sich, daß das Verhältnis zweier aufeinanderfolgenden Strecken immer denselben Wert besaß, daß demnach in unserer heutigen Ausdrucksweise mit

$$\frac{2o}{m} = \frac{m}{n} = \frac{n}{l} \text{ bezw. } \frac{n-m}{m} = \frac{m}{n} = \frac{n}{m+n} = \text{const.}$$

nicht nur die stetige Verhältnisreihe des Goldnen Schnittes, sondern auch seine ungekünstelte geometrische Bildungsweise — durch einfaches Aneinanderlegen von Strecken — aufgefunden war. Alles weitere war sodann selbstverständliche Folge für den suchenden Menschengeist.

Hier möge auch eine andere Ansicht über die Entdeckung des Goldnen Schnittes erwähnt werden. H. E. Timerding, der sie der pythagoreischen Schule zuschreibt, führt aus: »Wie es kam, daß dem Pentagramm solche wunderbaren Kräfte zugeschrieben wurden, verstehen wir am besten, wenn wir die wirklichen geometrischen Eigenschaften ins Auge fassen, die es besitzt. Diese Eigenschaften führen auch zu dem Verhältnis des Goldnen Schnittes, und zwar ist diese Herleitung des Goldnen Schnittes die einfachste, natürlichste und anschaulichste. Die Art, wie die Teilung einer Strecke nach dem Goldnen Schnitte bei Euklid (II., 18) eingeführt wird, läßt nicht mehr erkennen, wie man dazu kommt, gerade diese Aufgabe der Teilung zu stellen. Das ist nur zu begreifen aus der Figur des regelmäßigen Fünfecks oder Zehnecks heraus, indem man sich vergegenwärtigt, wie die Gedanken in natürlicher Verbindung entstehen, wenn man von der Erzeugung dieser Figuren ausgeht«[1].

Indem sodann das erste Fünfeck und Pentagramm als empirisch gezeichnet vorausgesetzt werden, entwickelt sich auf weiteren sechs Druckseiten die natürliche Gedankenreihe, welche in der Konstruktion des Goldnen Schnittes gipfelt.

H. E. Timerdings Gedankengang ist hierbei folgender:

1. Voraussetzung eines bereits vorhandenen, auf empirischem Wege gezeichneten Fünfecks und Pentagramms gemäß Fig. 7.

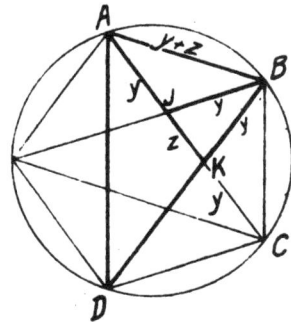

Fig. 7.

2. Erkennung der Symmetrie in demselben, demnach $AJ = KC = JB = KB = y$. Es sei $JK = z$.

3. Erkennung der Winkelgleichheit und -größe:

$$\sphericalangle ABJ = \sphericalangle JBK = \sphericalangle KBC = 36^0$$

als Peripheriewinkel auf gleichen Bogen von $^1/_5$ des Kreisumfangs.

Demnach besitzen die Dreiecke

$$\triangle JBK \qquad \triangle KBA \qquad \triangle BAD$$

---

[1] H. E. Timerding, »Der Goldne Schnitt«, Leipzig 1919, S. 6.

gleiche Winkel von 36⁰ an der Spitze und je zwei gleiche
Winkel von 72⁰ an der Basis, sind daher gleichschenklig,
einander ähnlich, und ihre homologen Seiten stehen im
gleichen Verhältnis, d. h. es ist

$$\frac{JK}{KB} = \frac{KB}{AB} = \frac{AB}{BD} \text{ bezw. } \frac{z}{y} = \frac{y}{z+y} = \frac{z+y}{z+2y}.$$

Es zeigt sich, daß das Verhältnis dieser Seiten dasjenige
des Goldnen Schnittes ist.

4. Erkennung von z als Zehneckseite im Kreise vom Radius y, da

$$\text{Zentriwinkel } JBK = 36^0 = \frac{1}{10} \text{ von } 360^0.$$

Demnach zeigt auch $\dfrac{\text{Zehneckseite}}{\text{Kreisradius}} = \dfrac{z}{y}$ das Verhältnis
des Goldnen Schnittes.

So entstand nach Timerding die Aufgabe, eine gegebene Strecke
— den Kreisradius — nach dem Goldnen Schnitte zu teilen. Die
geometrische Konstruktion leitet Timerding sodann aus einer algebraischen Umformung der obigen Proportion der Seiten ab.

Mit dieser — eine erkleckliche Zahl von geometrischen Lehrsätzen
voraussetzenden — Hypothese vergleiche man die hier aus der Königskammer hergeleitete, welche — auf dem rechtwinkligen Dreieck mit
den Katheten 1 und 2 fußend — mit der Entdeckung des Goldnen
Schnittes gleichzeitig die einfachste und heute verbreitetste geometrische Konstruktion desselben gibt:

Hypotenuse vermindert } = { größerem Abschnitt der nach dem Gold-
um kleine Kathete } { nen Schnitte geteilten großen Kathete.

Es dürfte auch hier von Nutzen sein, sich Petries zu erinnern:
»Von zwei gleich gut stimmenden Theorien hat die einfachere die
größere Wahrscheinlichkeit für sich.« Abgesehen hiervon ist jedoch
bei ägyptischen Zeichnungen und Bildwerken nach Cantor »eine
Teilung des Kreises in 10 gleiche Teile durch 5 Durchmesser oder in
5 Teile durch 5 vom Mittelpunkte ausgehende Strahlen unserem dar-
nach suchenden Auge nicht begegnet«[1]), die Kenntnis des Fünf- und
Zehnecks bei den Ägyptern daher noch vollständig unbewiesen. Timerdings Annahme könnte demnach schon aus diesem Grunde für die alten
Ägypter nicht als zutreffend angesehen werden, sie weist aber immerhin
mit großer Wahrscheinlichkeit den Weg, auf dem die Grundlage
für die geometrische Konstruktion des Zehn- und Fünfecks gefunden

---

[1]) Cantor, »Geschichte«, I. S. 109.

worden ist: die Notwendigkeit der Teilung des Kreishalbmessers nach einem bereits bekannten Verhältnisse — dem des Goldnen Schnittes.

In Hinsicht auf die Dimensionen der Königskammer wäre noch bemerkenswert: Werden 5 ägyptische Ellen als eine höhere Maßeinheit betrachtet, so besitzt die Königskammer, in dieser höheren Einheit gemessen, die Dimensionen:

$$\begin{aligned} \text{Breite} \ldots \ldots \ldots \ldots \, b &= 2, \\ \text{Diagonale} \ldots \ldots \ldots d_2 &= 3, \\ \text{Länge} \ldots \ldots \ldots \ldots l &= 4, \\ \text{Raumdiagonale} \ldots \ldots d_3 &= 5. \end{aligned}$$

Das Produkt der Quadrate der ersten drei Größen $2^2 \cdot 3^2 \cdot 4^2 = 576$ ergibt wieder den Zahlenwert der Ausgangsstrecke der Pyramidendimensionen in Ellen.

Das Diagonaldreieck $d_2 \, l \, d_3$ stellt mit $3^2 + 4^2 = 5^2$ das kleinste rationale Pythagoras-Dreieck dar.

Sämtliche Dimensionen mit der Größe der Raumdiagonale, der dem Goldnen Schnitt hervorragend eigentümlichen Zahl 5, vervielfacht, ergeben die Dimensionen der Königskammer in ägyptischen Ellen. Es dürfte auch hier am Platze sein, auf das im vorhergehenden Abschnitt über Zahlenmystik Gesagte hinzuweisen.

Nun weist die Königskammer nach Petrie eine weitere Eigentümlichkeit auf. Der Boden der Kammer ist gegenüber der Basis der Seitenwände etwas erhöht, und zwar um 5,1 bis 5,2 Zoll engl. (Petrie, Abschn. 148), so daß die größte Höhe der Seitenwände

$$h_s = 230{,}09 + 5{,}2 = 235{,}29 \text{ Zoll engl.}$$

beträgt. Es soll mit diesen Dimensionen ein π-Verhältnis bestehen zwischen Gesamtumfang der Seitenwand $2 \cdot (l + h_s)$ und der doppelten Kammerbreite $2b$ derart, daß

$$2b\pi = 2(l + h_s)$$

ist. Daraus würde resultieren:

$$h_s = b\pi - l = b\,(\pi - 2) = 1{,}1415926\,b = 235{,}305 \text{ Zoll engl.}$$

Dies wäre allerdings eine hervorragende Übereinstimmung. Die Wahrscheinlichkeit der π-Verhältnisse in der Großen Pyramide an sich wird in Abschnitt 8 noch näher beleuchtet werden, hier sei nur bemerkt, daß sich das vorerwähnte Verhältnis zwanglos auch als eine Analogie zu den äußeren Pyramidendimensionen ansprechen ließe, derart, daß sich in der Königskammer der Umfang der Seiten-

wand zur Breite der Kammer in gleicher Weise verhält wie der Basis-
umfang der ganzen Pyramide zu ihrer Höhe, das heißt:

$$\frac{2\,(l+h_s)}{b} = \frac{8\,a}{h}\ ,\ \text{woraus sich}\ h_s = b\left(\frac{4\,a}{h} - 2\right) \text{ergibt.}$$

In Ellenmaß wird $\frac{4\,a}{h} = \frac{880}{280} = \frac{22}{7}$ und $h_s = \frac{8}{7}\,b = 235,5657$ . . Zoll engl.

Berücksichtigt man ferner, den theo-
retischen Wert d. Höhe über Boden mit $\frac{d_1}{2} = \frac{b}{2}\sqrt{5} = 230,4491$ . . ⸭ ⸭

so beträgt die Differenz zwischen beiden Niveaus   5,1166 . . ⸭ ⸭

welches Maß mit der Angabe Petries von 5,1 bis 5,2 engl. Zoll übereinstimmt. Ein besonderer Zweck der Verkörperung dieses Verhältnisses an angegebener Stelle ist nicht erkennbar.

5. Ausführbarkeit der Konstruktion des Goldnen Schnittes.

Aus dem Umstande, daß sich unter Annahme des Goldnen Schnittes
als Baugrundsatz weder die Basis $2\,a$ noch die Manteldreieckshöhe c
theoretisch als rationale Größen ergeben, die Summe $d = a + c$
dagegen augenscheinlich nicht nur rational, sondern eine Zahl von
ausgezeichneten Eigenschaften ist, muß nunmehr folgerichtig ge-
schlossen werden, daß bei dem Bau der Großen Pyramide allein die
Strecke $d = a + c$ das erstgewählte Bestimmungsstück darstellte,
und daß aus diesem die Feststellung der Größen a, c, h erfolgte, welche
dann in weiterer Folge wahrscheinlich durch Ganzzahlen mit großer
Annäherung an das theoretische Resultat ersetzt wurden. Als erstes
Resultat ergaben sich durch Teilung von d nach dem Goldnen Schnitt
die Strecken a und c und aus dem Verhältnis $\frac{a}{c}$ im rechtwinkligen
Dreieck weiter h und a.

. Wenn auch den Ägyptern »rationale Quadratwurzeln in sehr
alter Zeit bekannt waren«[1]), so muß trotzdem eine Berechnung
der vorstehenden Größen aus dem Grunde für ausgeschlossen gehalten
werden, weil den Ägyptern das hierzu erforderliche Ausziehen von
Quadratwurzeln unbekannt war. Cantor führt hierzu an: »Erstlich
ist zu erwägen, daß die Ausziehung einer Quadratwurzel bei Ahmes
nirgends vorkommt, ihm also mutmaßlich unbekannt war . . . .«[2]).

---

[1]) Cantor, »Geschichte«, I. S. 112.
[2]) Ebenda S. 94.

Um zu den Näherungswerten $a = 220$ und $c = 356$ zu gelangen, genügte jedoch völlig die Bestimmung dieser Größen durch eine geometrische Konstruktion, welche, wenn nicht unmittelbar nach Fig. 2, so doch möglicherweise nach dieser in Verbindung mit der Konstruktion in Fig. 5 ausgeführt werden konnte. Beide Konstruktionen sind die überhaupt einfachsten zur Lösung der vorliegenden Aufgabe, denn sie erfordern äußerstenfalls nur das Zeichnen von rechten Winkeln, das Ziehen von Geraden durch zwei Punkte und das Auf- und Übertragen von Längenstrecken. Gerade diese Operationen waren aber die Aufgaben, welche sich den ägyptischen Feldmessern zuerst aufdrängten und daher gelöst werden mußten. Die Schaffung der Grundlagen zu ihrer Bewältigung war die Hauptaufgabe der Harpedonapten, auf deutsch Seilspanner, welche mit einem Seil von der Länge 12, das durch Knoten in die Abteilungen 3, 4, 5 geteilt wurde, notwendigerweise imstande waren, genaue rechte Winkel zu zeichnen[1]). Und wird berücksichtigt, daß die Ägypter »in der Geometrie hochentwickelte Konstruktionsmethoden hatten, daß sie in der Lehre vom Kreise und von der Ähnlichkeit und den Proportionen Bescheid wußten«[2]), so muß die Möglichkeit zugestanden werden, daß die Harpedonapten die obige oder doch eine ihr ähnliche Konstruktion kannten. Als besonders beachtenswert muß in dieser Hinsicht ein Hinweis Cantors angesehen werden: »Nur einen der frühesten griechischen Zeugen für das Alter und für die Bedeutsamkeit ägyptischer Geometrie müssen wir jetzt noch nachträglich hören . . . ., weil seine Aussage von so hervorragender geschichtlicher Wichtigkeit ist, daß sie einer besonderen Erörterung bedarf. Demokrit sagt nämlich um das Jahr 420: ‚Im Konstruieren von Linien nach Maßgabe der aus den Voraussetzungen zu ziehenden Schlüsse hat mich keiner je übertroffen, selbst nicht die sog. Harpedonapten der Ägypter‘.«[3])

⋅Cantor führt an anderer Stelle nach D ü m i c h e n an: »Die Operation des Seilspannens ist eine ungemein alte. Man hat deren Erwähnung auf einer auf Leder geschriebenen Urkunde des Berliner Museums gefunden, wonach sie bereits unter Amenemhat I. stattfand.«[4]) Damit wäre diese Operation für die Zeit von ungefähr 2000 v. Chr. urkundlich nachgewiesen und ihre Verwendung für den 200 bis 300 Jahre früher erfolgten Bau der Großen Pyramide nicht unwahrscheinlich.

---

[1]) C a n t o r , »Geschichte«, I. S. 105/106.
[2]) L ö f f l e r , »Ziffern und Ziffernsysteme«, Leipzig 1912, S. 33.
[3]) C a n t o r , »Geschichte«, I. S. 104.
[4]) Ebenda S. 106.

6. Neigung des Eintrittsganges der Pyramide.

Piazzi Smyth hat für die innere Raumeinteilung der Großen Pyramide gemäß einer in Fig. 8 wiedergegebenen Zeichnung[1]) eine Reihe geometrischer Beziehungen der Pyramide aufgestellt, welche — nach seiner Schreibweise — lauten:

Flächen: Dreieck abc = Quadrat $defg$ = Kreis hik,

Längen: $op = oq$, $om = mn = np$, $os = oc$, $ot = de$, $or = rq$,

Winkel sob = $26^0 18' 10''$,

Winkel cab = $51^0 51' 14,3''$,

Winkel tob = 30^0 (der Breitegrad der Pyramide),

rz parallel mit os.

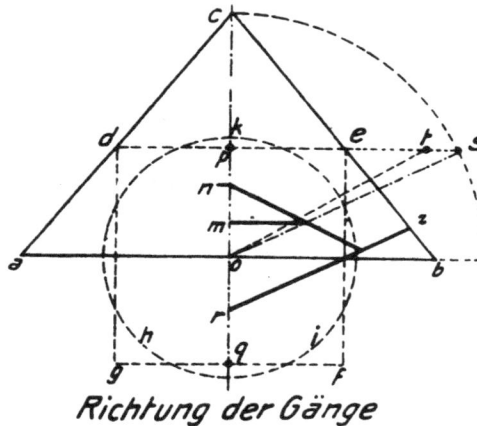

Richtung der Gänge

Fig. 8.

Nach der hier angenommenen Schreibweise bedeutet darin:

Strecke ab die Seitenlänge $2a$,

Strecke oc die Höhe h,

Winkel cab den Basiswinkel a.

Wird weiter die Quadratseite de mit x, der Kreisradius mit r, der Winkel sob mit β bezeichnet und die Annahme von Piazzi Smyth: $8a = 2h\pi$ aufrechterhalten, so bedeutet die Beziehung:

Dreieck abc = Quadrat $defg$ = Kreis hik,

daß $\qquad a \cdot h = \qquad x^2 \qquad = r^2\pi$

bzw. die Quadratseite $x = \sqrt{ah}$ und der Kreisradius $r = \dfrac{h}{2}$ ist.

---

[1]) Eyth, »Kampf um die Cheopspyramide«, S. 437.

Die Eckpunkte d und e des Quadrates liegen hierbei nicht, wie Fig. 8 vermuten läßt, genau in den Seiten des Pyramidenquerschnittdreiecks, da diese Lage sich nicht mit der Bedingung der Flächengleichheit von Quadrat und Dreieck vereinen läßt. Als Sonderbedingung aufgestellt, würde sie sich nur durch eine Quadratseite $x_1 = \dfrac{2ah}{a+h}$, d. h. durch das harmonische Mittel zwischen a und h befriedigen lassen.

Der Winkel $sob = \beta$ bestimmt sich aus Fig. 8 nach seiner Konstruktion:
$$\sin\beta = \frac{op}{os} = \frac{x}{2} : h = \frac{1}{2}\sqrt{\frac{a}{h}}, \text{ wie angegeben, mit } \beta = 26^0\ 18'\ 10''.$$

Die Beziehung:

Winkel $tob = 30^0$ (Breitengrad der Pyramide)

ist — da $ot = de = 2op$ und demnach Winkel tob halber Winkel im gleichseitigen Dreieck — geometrisch trivial.

rz parallel mit os bedeutet, daß der Eintrittsgang der Pyramide unter dem Winkel β abwärts führt. Die Neigung dieses Ganges gibt Piazzi Smyth Anlaß zu einer besonderen Hypothese, gemäß welcher die Sehlinie, die durch diesen Gang festgelegt erscheint, im Baujahre der Pyramide genau auf die untere Kulmination des damaligen Polarsterns wies[1]).

Hierzu sei bemerkt, daß das Nebeneinanderbestehen der beiden Bedingungen:
$$8a = 2h\pi \text{ und } \sin\beta = \frac{1}{2}\sqrt{\frac{a}{h}}$$

den Ausdruck
$$\sin\beta = \frac{1}{4}\sqrt{\pi}$$

schafft, eine allerdings ungewöhnliche Beziehung für diese kosmische Sehlinie.

Nun läßt aber gerade diese Neigung des Eintrittsganges — der unmittelbare Anlaß zu derartigen Hypothesen — im Zusammenhange mit dem Goldnen Schnitt wieder eine merkwürdig einfache geometrische Deutung zu.

Führt man die Konstruktion nach Fig. 2 in der Linienführung gemäß Fig. 9 durch, so drängt sich von selbst die Vermutung auf, daß der Pyramidenbaumeister

die Neigung der Hypotenuse des zur Konstruktion des Goldnen Schnittes unentbehrlichen rechtwinkligen Dreiecks der Neigung der Py-

---

[1]) E y t h, » Kampf um die Cheopspyramide «, S. 433.

ramidengänge zu Grunde gelegt und damit —
ähnlich wie bei der Königskammer — das Kon-
struktionselement zugleich mit dem Konstruk-
tionsresultat in der Pyramide verewigt hat.

Der Winkel β bestimmt sich unter dieser Annahme als Winkel
im rechtwinkligen Dreieck mit den Katheten 1 und 2 über

$$\text{tg } \beta_1 = \frac{1}{2} \text{ mit} \quad \ldots \ldots \ldots \ldots \ldots \ldots \quad \beta_1 = 26^0\,33'\,54{,}8''$$

gegenüber dem Werte von Piazzi Smyth . $\beta = 26^0\,18'\,10''$
sowie gegenüber dem von Petrie gemessenen
Winkel $\ldots \ldots \ldots \ldots \ldots \ldots \ldots \quad \beta = 26^0\,31'\,23''$

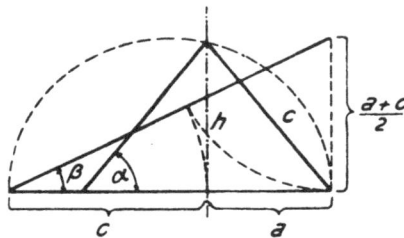

Fig. 9.

Petrie (Abschn. 151) bemerkt zu diesem Winkel: »Es bleibt dann
nur die alte Theorie von 1 Steigung auf 2 Basis oder ein Winkel von
26⁰ 33′ 54″, und dieser liegt durchaus innerhalb der Abweichungen
des Winkels des Eintrittsganges und ist sehr nahe dem beobachteten
Winkel des ganzen Ganges, der 26⁰ 31′ 23″ beträgt, so nahe, daß
2 oder 3″ auf die Länge von 350 Fuß die ganze Differenz ausmachen;
daher kann diese Theorie zum mindesten beanspruchen, weit genauer
zu sein als irgendeine andere Theorie.«

7. „Kosmische" Beziehungen der Pyramide.

Eine der wesentlichsten, wenn auch bisher unerklärlichen
Stützen der pseudowissenschaftlichen Hypothesen über die Cheopspyramide ist der angebliche Zusammenhang der Pyramidendimensionen
mit kosmischen Zahlen. Die bezüglichen »Berechnungen«, großenteils
mit einer unübersichtlichen Menge von Zahlen überladen, machen es
mitunter schwer, den Kern der Sache bloßzulegen. Geschieht dies
jedoch, so erscheint als Ursache der kosmischen Beziehung, wenn
nicht eine mathematische Trivialität, so doch eine gewaltsame Gleich-

machung von Zahlenausdrücken in Verbindung mit geometrischen Zusammenhängen einfachster Art.

Erwähnt wurde bereits die von Piazzi Smyth vorgenommene Teilung der Pyramidenseite in 365,2422 gleiche Teile, entsprechend der genauen Tageszahl des irdischen Sonnenjahrs. Piazzi Smyth nennt die Länge eines solchen Teiles »Pyramidenmeter« und teilt ihn nochmals in 25 Pyramidenzoll. Der Umfang der Pyramidengrundfläche ist sodann 36524,2 Pyramidenzoll, eine Zahl, die in »merkwürdiger Weise auf die genaue Tageszahl im Sonnenjahr hinweist«!

Nichtsdestoweniger ist dieses Pyramidenmeter der Ausgangspunkt zu weiteren »merkwürdigen kosmischen Beziehungen« der Cheopspyramide, jedoch nur infolge des zufälligen, bisher zu wenig beachteten Umstandes, daß seine Länge in Metermaß dem Zahlwert $\frac{2}{\pi}$ sehr nahe kommt.

Aus der nach Eyth von Piazzi Smyth angegebenen Seitenlänge der Pyramide von 763,81 engl. Fuß bestimmt sich nämlich die Länge des Pyramidenmeters mit   0,6373991 .... Meter, während der Zahlwert $\frac{2}{\pi}$ die Größe . . . . . $\frac{2}{\pi} = 0,6366198 \ldots$ aufweist.

Werden diese beiden zusammenhangslosen Zahlwerte als identisch, d. h.

$$\frac{\text{Meter}}{\text{Pyramidenmeter}} = \frac{\pi}{2}$$

angenommen, erinnert man sich weiter, daß nach der π-Theorie $8a = 2h\pi$ und somit

$$\frac{\text{Pyramidenseite}}{\text{Pyramidenhöhe}} = \frac{\pi}{2}$$

ist, und daß schließlich für den Kreis allgemein die Beziehung gilt:

$$\frac{\text{Kreisquadrant}}{\text{Kreisradius}} = \frac{\pi}{2},$$

so sind die Grundlagen zur Schaffung kosmischer Beziehungen der Pyramide restlos hergestellt.

Nach Eyth findet Piazzi Smyth: »Der Pyramidenmeter aber .... ist genau der zehnmillionte Teil der halben Polarachse der Erdkugel ....«

Nach obigem verhält sich nun

$$\frac{\text{Meter}}{\text{Pyramidenmeter}} = \frac{\text{Kreisquadrant}}{\text{Kreisradius}} = \frac{\text{Erdmeridianquadrant}}{\frac{1}{2}\,\text{Polarachse}},$$

daher

$$\frac{\text{Meter}}{\text{Erdmeridianquadrant}} = \frac{\text{Pyramidenmeter}}{\frac{1}{2}\,\text{Polarachse}},$$

und da das Meter den zehnmillionten Teil des Erdmeridianquadranten darstellt, so muß das Pyramidenmeter folgerichtig den zehnmillionten Teil der halben Polarachse ausmachen!

Piazzi Smyth findet auch: ».... die Entfernung der Sonne von der Erde komme der 10^9 fachen Pyramidenhöhe gleich....«, und selbst diese 9 und 10 sind in dem Pyramidenbau angedeutet, denn »die nach oben, nach der Sonne weisenden vier Kantenlinien der Pyramide machen einen Winkel mit der horizontalen Grundfläche, welchem eine Neigung von genau 9 in 10 entspricht«.

In ähnlicher — nur noch »umfassenderer« Weise — stellt Noetling fest: »Die Seitenlänge der Pyramide in Pyramidenmetern stellt, als Zeitmaß angesehen, die Umlaufzeit der Erde um die Sonne in Tagen, Stunden, Minuten und Sekunden, als Längenmaß angesehen und mit 10^9 multipliziert, die Länge des Erdbahnquadranten in Pyramidenmetern dar. Die Pyramidenhöhe dagegen, mit 10^9 multipliziert, ergibt die Entfernung der Erde von der Sonne.«

Zu diesem Resultate gelangt Noetling, indem er vorerst — in vollständiger Unkenntnis anderer Quellen — das hypothetische Pyramidenmeter »Eyths« als altägyptische Elle anspricht und hierbei des Glaubens ist: »Die tatsächlichen Messungen der Seitenlänge ergaben, daß letztere 365,2422 ägyptische Ellen lang war.« Diesem naturnotwendig mit Meßfehlern behafteten Werte stellt er seinen »theoretisch berechneten« Wert von der Größe

$$\left(\frac{10}{3}\right)^3 \cdot \pi^2 = 365{,}5409\ldots$$

gegenüber, der, als Zeitmaß angesehen, gleich sein soll

365	Tagen
5	Stunden
48	Minuten
46	Sekunden,

d. h. der Umlaufzeit der Erde um die Sonne!

Zur Beurteilung der anderen Beziehungen sei hier, entsprechend einer Sonnenparallaxe von 8,80 Sekunden, die mittlere Entfernung der Erde von der Sonne mit

$$E = 149{,}5 \text{ Millionen Kilometer}$$

angenommen. Dieser Zahlwert E und der Ausdruck $\frac{\pi^2}{4}$ sind wieder zwei vollkommen zusammenhangslose Zahlen und außerdem unabhängig von der Cheopspyramide. Durch ein Spiel des Zufalls kommt jedoch das Produkt dieser beiden Zahlen

$$E \cdot \frac{\pi^2}{4} = 149{,}5 \text{ mal } 2{,}467401\ldots = 368{,}8765\ldots$$

dem »theoretisch berechneten« Zahlwerte der Pyramidenseitenlänge nahe, ohne dadurch natürlich in irgendeine mathematische Beziehung zu ihr zu treten.

Würde jedoch eine solche künstlich hervorgerufen, indem die beiden Zahlwerte gewaltsam als identisch angenommen werden, d. h. würde

$$E \cdot \frac{\pi^2}{4} = \left(\frac{10}{3}\right)^3 \cdot \pi^2$$

gesetzt, so ergäbe sich daraus vorerst die Entfernung der Erde von der Sonne $E = 4\left(\frac{10}{3}\right)^3$ Mill. km; das wäre eine kosmische Beziehung, die sogar unter den Anhängern der π-Theorie Kopfschütteln hervorrufen würde.

Nichtsdestoweniger folgt aus diesem Zusammenhang in Gemäßheit der früher erwähnten Grundlagen durch aufeinanderfolgende Multiplikation

mit $\frac{\pi}{2}$: Erdbahnquadrant $= 4 \cdot \left(\frac{10}{3}\right)^3 \cdot \frac{\pi}{2}$ in Mill. km,

mit 10^9 :   »   » $= 4 \cdot \left(\frac{10}{3}\right)^3 \cdot \frac{\pi}{2} \cdot 10^9$ in Metern,

mit $\frac{\pi}{2}$:   »   » $= 4 \cdot \left(\frac{10}{3}\right)^3 \cdot \frac{\pi}{2} \cdot 10^9 \cdot \frac{\pi}{2}$

$$= \left(\frac{10}{3}\right)^3 \cdot \pi^2 \cdot 10^9 \text{ in Pyramidenmetern.}$$

$\left(\frac{10}{3}\right)^3 \cdot \pi^2$ ist aber die Seitenlänge der Pyramide in Pyramidenmetern, somit ergibt sich:

Erdbahnquadrant $=$ Pyramidenseitenlänge mal 10^9.

Allgemein ist aber auch .... $\dfrac{\text{Erdbahnquadrant}}{\text{Erdentfernung}} = \dfrac{\pi}{2}$,

und nach der π-Theorie war ...... $\dfrac{\text{Pyramidenseite}}{\text{Pyramidenhöhe}} = \dfrac{\pi}{2}$, daraus folgt

$$\frac{\text{Erdentfernung}}{\text{Erdbahnquadrant}} = \frac{\text{Pyramidenhöhe}}{\text{Pyramidenseite}}$$

oder

$$\frac{\text{Erdentfernung}}{\text{Pyramidenhöhe}} = \frac{\text{Erdbahnquadrant}}{\text{Pyramidenseite}} ,$$

so daß in gleich einfacher Weise sich ergibt:

Entfernung der Erde von der Sonne = Pyramidenhöhe mal 10^9.

Die Neigung von genau 9 in 10 endlich entspricht goniometrisch als Tangente desjenigen Neigungswinkels, welchen die Pyramidenkante mit der Grundfläche einschließt, dem Verhältnis

$$\frac{\text{Pyramidenhöhe}}{\frac{1}{2}\,\text{Grundflächendiagonale}} = \frac{h}{a\sqrt{2}}\ \text{und ist, da } 8a = 2h\pi,$$

$$\text{mit } \frac{4}{\pi\sqrt{2}} = 0,900316\ldots., \text{ angenähert} = 9:10,$$

geometrisch trivial.

Diese Zusammenhänge können nur bestehen unter Annahme des hypothetischen Pyramidenmeters gleich einer Länge von $\frac{2}{\pi}$ Meter. Durch eine solche Festlegung erhält aber, unter Zugrundelegung des einwandfreien Maßes von Petrie ($2a = 9068,8 \pm 0,65$ engl. Zoll $= 230,3433 \pm 0,0165$ Meter), die Pyramidenseite eine Länge von

$$2a = (230,3433 \pm 0,0165)\,\frac{\pi}{2}$$

$$= 361,8224 \pm 0,026 \text{ Pyramidenmeter}$$

gegenüber den   365,2422 Pyramidenmetern Piazzi Smyths.

Über die Hypothese endlich, daß die Sehlinie, die durch den Eintrittsgang der Pyramide festgelegt wird, im Baujahre der Pyramide genau auf die untere Kulmination des damaligen Polarsternes wies, wurde alles hier in Betracht Kommende schon in Abschnitt 6 dargelegt.

Die vorstehenden Ausführungen entkleiden die kosmischen Beziehungen der Cheopspyramide der ihnen zugesprochenen Merkwürdigkeit und stellen sie als das hin, was sie sind — das Resultat gewaltsamer Annahmen, die in ihrem Ausgangspunkte den Anhängern solcher Theorien selbst nicht erkennbar waren. Diese Beziehungen bedürfen außerdem zu ihrer Aufstellung der π-Theorie, fallen daher mit dieser, sobald nachgewiesen werden kann, daß sie nicht berechtigt ist. Dieser Nachweis soll im folgenden Abschnitt geführt werden.

8. Vergleich mit anderen Theorien.

Petrie (Abschn. 157) gelangt anläßlich einer Beurteilung der allgemeinen Frage der Wahrscheinlichkeit der drei Theorien, denen er die größte Berechtigung zuerkennt, zu der Schlußbetrachtung: »Diese theoretischen Systeme widersprechen einander kaum, und allgemein gesprochen ist nichts in den meisten dieser Theorien enthalten, was hindern könnte, sie als Teile des wirklichen Bauplans anzunehmen.«

Petrie hat auch hier wieder richtiges Gefühl bewiesen. Die von ihm als die wahrscheinlichsten erkannten Theorien sind in ihren Hauptzügen tatsächlich nur Teile des wirklichen Bauplans, welcher, fußend auf der Oberflächenverteilung der Pyramide, diese andern Theorien in sich aufnimmt oder wenigstens ihren Zusammenhang mit der Oberflächenverteilung aufdeckt.

Die ägyptische Ellentheorie $2a = 440$, $h = 280$, $c = 356$ ist, wie aus den bisherigen Darlegungen hervorgeht, restlos in der hier vertretenen Oberflächentheorie enthalten, findet aber erst durch sie ihre befriedigende Erklärung.

Die Theorie der Flächen, der Quadrate von Längen und Diagonalen, betrachtet Einzelheiten, deren Ursachen ebenfalls in der Oberflächentheorie liegen.

Das π-Verhältnis dagegen, das in keinem logischen Zusammenhange mit der Oberflächentheorie steht, läßt sich erklären durch die zufällige — auf keinerlei mathematischer Begründung beruhende — Zahlenähnlichkeit von π mit gewissen Werten des Goldnen Schnittes. Ohne näher auf diese geometrisch nicht gesetzmäßige Zahlenähnlichkeit einzugehen, möge hier der Hinweis genügen, daß das Verhältnis des Basisumfanges der Pyramide zu ihrer Höhe in ägyptischem Ellenmaße

$$\frac{8\,a}{2\,h} = \frac{8 \cdot 220}{2 \cdot 280} = \frac{22}{7},$$

dem bekanntesten Näherungswerte von π entsprechend, als eigentliche Ursache der Entstehung der π-Theorie betrachtet werden muß. Aus diesem Grunde könnte daher an allen Stellen, wo das Goldne-Schnitt-Verhältnis in irgendeiner Form auftritt, mit gleicher Berechtigung ein π-Verhältnis konstruiert werden.

Trotz dieses Umstandes muß aber dem π-Verhältnis jegliche Wahrscheinlichkeit, bei dem Bau der Großen Pyramide eine Rolle

gespielt zu haben, abgesprochen werden, und zwar aus folgenden
Gründen:

In Ägypten entstand die Mathematik als Geometrie aus praktischen Gründen der Landvermessung. Linien stellten für die Ägypter
von Anfang an Begrenzungen einfacher Figuren wie Quadrate, Rechtecke, Dreiecke vor, von welchen Figuren nicht der Umfang, sondern
in erster Linie die Fläche interessierte. Deshalb war auch der Kreis
für sie keine Linie mit einem abstrakten Verhältnis zwischen Durchmesser und Umfang, sondern einzig und allein eine Fläche, die sie
nach Möglichkeit durch ein flächengleiches Quadrat zu ersetzen
trachteten (siehe S. 2). Im Sinne dieser Anschauung müßte man
erwarten, daß, wenn die Pyramide wirklich ein π-Verhältnis zu verkörpern hätte, irgendwo eine Kreisfläche in ihr erschiene. Statt
dessen in dem ganzen Bauwerke nicht das leiseste Anzeichen einer
Kreislinie, nicht die geringste Andeutung einer gekrümmten Linie
überhaupt! Durchweg gerade Linien an ebensolchen Flächen, Körpern
und Hohlräumen der einfachsten geometrischen Art. Um mit solchen
Linien ein Verhältnis darzustellen, wie das des Kreisdurchmessers
zu seinem Umfange, hätte der Pyramidenbaumeister bereits zu einer
Abstraktion der Begriffe vorgeschritten sein müssen, die dann als
wesentlichste Voraussetzung der Theorie erst nachzuweisen wäre.

Ebenso wirft sich die Frage auf, in welcher Weise die Ägypter dieses
transzendente Verhältnis — ganz abgesehen von seiner Berechnung —
in der angenommenen Genauigkeit darstellen konnten. Ihr Rechnen
war in der Hauptsache ein Rechnen mit ganzen Zahlen, und wenn
sie Brüche nicht vermeiden konnten, rechneten sie mit Stammbrüchen.
Die Kenntnis eines mehrzahligen Näherungsbruches oder eines Dezimal-
bruches, welche für. eine genauere Bestimmung des π-Verhältnisses
allein in Frage kommen konnte, darf bei ihnen nicht als selbstverständlich vorausgesetzt werden.

Die Grundlage des Oberflächenverhältnisses dagegen, der Goldne
Schnitt, bedarf, besonders in der verwendeten ganzzahligen — eine
außerordentliche Annäherung darstellenden — Form, aller dieser
Voraussetzungen nicht. Entstanden wahrscheinlich durch Vergleich
von Linien, Aneinanderlegen von Strecken und Insverhältnissetzen
dieser letzteren, entstanden demnach aus den ursprünglichsten geometrischen Elementen und Begriffen, die sich jedem Beschauer auch
bei niedriger Kulturstufe von selbst aufdrängten, verlangt der Goldne
Schnitt keinerlei Abstraktion, sondern nur Anschauung. Erinnert
man sich wieder des klaren Urteils Petries, daß »bei zwei gleich gut

stimmenden Theorien die einfachere die größere Wahrscheinlichkeit für sich hat«, so fällt es auch hier nicht schwer, die richtige Entscheidung zu treffen.

Zusammenfassend kann daher gesagt werden, daß außer der Annahme selbst, die Große Pyramide sei ein Denkmal für eine ungewöhnlich genaue Kenntnis der Zahl π, kein logischer, kein mathematischer, kein technischer Zusammenhang zwischen der Pyramide und dem π-Verhältnis aufzufinden ist. Im Gegenteil, das angebliche Auftreten dieses Verhältnisses in der Pyramide an Stellen, welche keine Ursache dafür abgeben, ruft den Eindruck völliger Unabsichtlichkeit hervor.

Dagegen verbürgt der Aufbau der Pyramide unter Zugrundelegung der angegebenen Teilung der Gesamtoberfläche nach dem Goldnen Schnitte die ästhetisch wirksamste Gestaltung dieses Bauwerks, so daß zwischen Bauwerk und Lehrsatz ein ursächlicher und logisch begründeter Zusammenhang entsteht. Dieser erst gibt der ganzen Theorie, im Gegensatze zu allen bisherigen, die feste Grundlage, die unbedingt nötig erscheint, um nüchterner — nur nach dem Zwecke fragender — Kritik standzuhalten. In den Abschnitten 10 und 11 wird diese Grundlage noch erweitert werden, doch sollen sich die Betrachtungen hierüber wie bisher in erster Linie auf die Oberfläche der Pyramide und die Königskammer beschränken, damit sie sich nicht ins Uferlose verlieren.

9. Architektonische Gesichtspunkte.

Um nicht zu wiederholen, was von andern bereits früher und besser erkannt wurde, sei hier Hankel das Wort gelassen: »Der jedem Volke eigene Sinn für Raumverhältnisse wird ohne Zweifel in seiner Baukunst, sobald diese nur die unterste Stufe ihrer Entwicklung überschritten hat, zur Geltung kommen und somit immer der Zustand der Architektur mit dem der Geometrie in gewisser Beziehung stehen. Wir werden behaupten können, daß ein Volk, wie das der Inder, welches die Schönheit seiner Bauwerke in weichen, schwülstigen, phantastischen Formen sucht, unmöglich einen lebhaften Sinn für die Untersuchung der knappen gesetzlichen Formen der Geometrie haben kann. Unsere Geschichte wird in der Folge den äußerst niedrigen Standpunkt dieser Wissenschaft bei diesem Volke darlegen, dem es übrigens an mathematischer Begabung durchaus nicht fehlte.«

»Andrerseits bei den Griechen diese Einfachheit und Regelmäßigkeit der in ihren Verhältnissen auf das feinste bestimmten geometrischen
Formen der Architektur! Diese Freiheit der Behandlung bei allem
Maß! Ist es nicht derselbe plastische Sinn, den wir in ihren die feinsten
Größenverhältnisse der Figuren behandelnden geometrischen Untersuchungen wiederfinden? Und dieselbe maßvolle Beschränkung,
welche sie in einem engen Kreise geometrischer Figuren festhält,
aus dem sie nur selten, gleichsam um das Gebäude der Geometrie zu
schmücken, leicht hinausschweifen?«

»Was die übrigen Kulturvölker des Altertums betrifft, so wird
uns weder die barocke Bauart der Chinesen noch die zwar imponierende, doch stillose Baukunst der Babylonier, noch die
prächtige, aber strukturwidrige der Phönikier einen hohen Begriff von der Reinheit ihrer geometrischen Anschauung geben;
auch hat bei keinem dieser Völker die Geometrie eine bedeutende
Entwicklung gehabt.«

»Als Mutter der Geometrie wird vielmehr durchgehends Ägypten
angesehen, und man kann unmöglich den Zusammenhang verkennen,
in dem diese Tatsache mit der großartigen Entwicklung steht, welche
die Baukunst jenes Landes bereits Jahrtausende vor dem Anfange
unserer Zeitrechnung zeigt. Jene kristallinische Regelmäßigkeit der
Bauten, deren Struktur frei zutage tritt, deren Grundlinien deutlich
auslaufen, ohne durch allerlei Schmuck verdeckt zu werden, zeigt
einen eigentümlichen Sinn für die Form selbst, welche keinem anderen
barbarischen Volke zukommt.«[1])

Es läge nach dem vorstehenden nichts Absonderliches in dem
Gedanken, daß schon in frühester Zeit ein Pyramidenerbauer zu
der Erkenntnis gekommen wäre, daß derartig einfache geometrische Gebilde wie die vierseitigen quadratischen Pyramiden
sich ästhetisch wirksam nur bei bewußter Verteilung ihrer Oberflächen nach dem ästhetisch wirksamsten Verhältnisse, dem des
Goldnen Schnittes, gestalten ließen. Die Herstellung einer Reihe
maßstäblicher Kartonmodelle von Pyramiden mit verschiedenem
Basiswinkel kann in dieser Richtung wohl nicht zu einem einwandfreien Beweise führen, ist aber trotzdem sehr lehrreich, denn
diese Modelle zeigen plastisch die ästhetisch mindere Bildwirkung
jeder spitzeren oder stumpferen Bauart gegenüber derjenigen der
Großen Pyramide.

---

[1]) Hankel, »Geschichte«, S. 72/73.

10. Historisch-bauliche Gesichtspunkte.

Es erscheint nun geradezu merkwürdig, welches Licht im Zusammenhange mit den hier vertretenen Anschauungen in die fernen Jahrtausende geworfen wird durch die Besprechung einiger Aufgaben aus dem ägyptischen Rechenbuche des Ahmes (1700 v. Chr.), wie sie unter Hinweis auf Eisenlohr — den Übersetzer und Erklärer dieser Hauptquelle für ägyptische Mathematik — von Cantor gegeben wird.

Die sich im Verfolge dieser Besprechung ergebende Notwendigkeit, verschiedene andere Anschauungen zu widerlegen, bringt es mit sich, diese in der Literatur verstreut auftretenden Anschauungen hier auszugsweise, unter Umständen auch wörtlich anzuführen, um den Zusammenhang der Erörterung zu wahren und besseres Verständnis zu ermöglichen.

Die Ausführungen Cantors zu diesem Gegenstande lauten: »Endlich bietet der Papyrus noch eine Gruppe von 5 geometrischen Aufgaben (Eisenlohr, Papyrus, S. 134—139): Nr. 56 bis 60, welche dem heutigen Leser am überraschendsten sein dürften, wenn er in ihnen die Vergleichung von Liniengrößen erkennt, soweit sie zu einem und demselben Winkel gehören, also eine Art von Ähnlichkeitslehre, wenn nicht ein Kapitel aus der Trigonometrie. Es handelt sich um Pyramiden, aber keineswegs um deren körperlichen Inhalt, sondern um den Quotienten der Hälfte einer an der Pyramide vorgenommenen Abmessung, geteilt durch eine zweite[1]), und dieser Quotient heißt Seqt, nach aller Wahrscheinlichkeit eine kausative Ableitung von Qet, Ähnlichkeit, also wohl Ähnlichmachung. Was das aber für Abmessungen an den Pyramiden waren, die so in Rechnung gezogen wurden, war von vornherein aus den bloßen Namen Uchatebt, Suchen der Fußsohle, und Piremus, Herausgehen aus der Säge, keineswegs klar. Der Uchatebt mußte zwar offenbar irgendwo am Boden, der Piremus (dessen Name augenscheinlich in dem Munde der Griechen zum Namen des ganzen Körpers wurde) irgendwo ansteigend gesucht werden, aber dabei gab es noch immer eine gewisse Auswahl. Die richtige Wahl zu treffen gelang dem Herausgeber des Papyrus, nachdem er den glücklichen Gedanken gefaßt hatte, den Umstand zu berücksichtigen, daß die noch erhaltenen großen ägyptischen Pyramiden wesentlich gleiche Winkel besitzen, und daß Ahmes wohl auch ihnen ähnliche Körper bei seinen Rechnungen gemeint

---

[1]) An angezogener Stelle nicht durch besonderen Druck hervorgehoben.

haben muß. Der von Ahmes errechnete Seqt muß also einem Winkel
von etwa 52⁰ zwischen der Seitenwand und der Grundfläche des
Körpers entsprechen, und das findet nur dann statt, wenn der Piremus
die Kante der Pyramide, der Uchatebt die Diagonale der quadratischen Grundfläche bedeutet, wenn also der Seqt das war, was wir
gegenwärtig den Kosinus des Winkels nennen, den jene beiden Linien
miteinander bilden. War die Größe dieses Verhältnisses Seqt bekannt,
so kannte man damit auch die Winkel, welche an der Pyramide sich
zeigen. Man kannte sie freilich nur mittelbar, aber mittelbar ist auch
jede andere Ausmessung von Winkeln, ist auch die nach Graden und
Minuten, welche zunächst nicht dem Winkel selbst, sondern dem Kreis-
bogen gilt, der ihn, als Mittelpunktswinkel gedacht, bespannt. Diese
bisherige Auseinandersetzung gilt allerdings nur für die vier ersten
Aufgaben der Gruppe. In der 5. Aufgabe, Nr. 60, ist nicht von einer
Pyramide, sondern von einem Grabmale die Rede, welches viel steiler
als die Pyramide, mit der es die quadratische Gestalt der Grundfläche
übrigens teilt, sich zuspitzt. Die durcheinander zu teilenden Strecken
heißen hier ganz anders, sind auch mutmaßlich andere als bei der
Pyramide. Der Seqt endlich scheint hier die trigonometrische Tangente
des Neigungswinkels der Seitenwandung des Denkmals gegen den
Erdboden zu sein, und eine Übereinstimmung mit der vorhergehenden
Aufgabe findet sich nur in der mittelbaren Ausmessung eines Winkels.«[1]

Es wurde hier die prägnante Darstellung des Berufsmathematikers
vorangestellt, weil sie in treffender Kürze das Wesentliche wieder-
gibt. Eisenlohr, der Sprachforscher, drückt sich nicht ganz in dieser
bestimmten Weise aus.

In der interessanten Überlegung, welchen Flächen der Pyramide
die Linien Piremus und Uchatebt der Aufgaben Nr. 56—59 und Senti
und Qaienharu der Aufgabe Nr. 60 angehört haben könnten, schaltet
Eisenlohr vorerst das Manteldreieck — »das geneigte sichtbare Dreieck
der Pyramide« — zufolge geometrischer Unmöglichkeit aus und fährt
sodann fort: »Die genannten Linien können aber immer noch zwei
verschiedenen Dreiecken angehören. Man kann sich nämlich die
Pyramide von ihrer Spitze aus parallel mit der Grundlinie durch-
geschnitten denken oder aber in der Diagonale der Grundfläche,
so daß mit dieser zwei einander gegenüberliegende Kanten das Durchschnittsdreieck begrenzen. Die Linie *piremus*, welche nach der Stel-

---

[1] Cantor, »Vorlesungen über Geschichte der Mathematik«, Leipzig 1880,
Bd. I. S. 51/52.

lung der den Figuren beigeschriebenen hieratischen Ziffern jedenfalls
eine geneigte Linie sein muß, ist im ersten Falle die von der Spitze
nach der Mitte der Grundlinie gezogene Gerade, im zweiten Falle die
sichtbare Kante; die Linie *ucha tebt* ist im ersten Falle die Grundlinie, im zweiten Falle die Diagonale der Grundfläche. Der Name
pir-em-us, ‚hervorkommen aus dem Sägeschnitt‘, rührte wohl daher,
daß die Linie da liegt, wo der Sägeschnitt nach außen tritt. Es ist
nicht leicht, sich für die eine oder die andere Ansicht zu entscheiden.
Für den Schnitt in der Diagonale spricht die Sichtbarkeit der Kante,
während die andere Linie nur gedacht werden kann . . . . Für den
Durchschnitt parallel der Grundlinie spricht das Wort *ucha tebt*, in
welchem eher die Basis als die Diagonale zu suchen ist. Indes ist
senti in Nr. 60 sicher die Grundlinie, und beide Worte können nicht
wohl dasselbe bedeuten.«[1])

Den Neigungswinkel zwischen Grundfläche und Manteldreieck
mit a, den analogen Winkel zwischen sichtbarer Kante und Diagonale
der Grundfläche mit β bezeichnend, folgert Eisenlohr weiter: ». . . . In
den Beispielen Nr. 56—59 der eigentlichen Pyramiden ist der *seqt*
gleich dem Kosinus des von der *ucha tebt* und *piremus* eingeschlossenen
Winkels, also der Kosinus des Winkels a oder des Winkels β, je nachdem
die Linien *ucha tebt* und *piremus* dem einen oder dem anderen
Dreieck angehören.« (S. 137.) Die aus den genannten Beispielen
errechneten Winkel ergeben sich mit 43° 56′ 44″ und 41° 24′ 34″,
und da der Winkel a bei der Großen Pyramide und den meisten
ihrer Nachfolger ungefähr 52°, der Winkel β demnach ungefähr
42° beträgt, beendet Eisenlohr seine Überlegung: »Wir können daraus
mit großer Sicherheit schließen, daß wir unter der Linie *piremus* die
Kante und unter *ucha tebt* die Diagonale der Grundlinie (soll
heißen Grundfläche) zu verstehen haben.« (S. 138.)

Senti und *qai en haru* dagegen gehören nach Eisenlohr zweifellos
dem Durchschnittsdreieck an, welches parallel der Grundlinie geschnitten ist, und zwar *senti* als Grundlinie und *qai en haru* als Höhe
der Pyramide, ihr Verhältnis stellt demnach die Tangente des Winkels a dar.

Trotzdem diese Folgerungen ungemein schlüssig sind, scheinen sie
bezüglich *ucha tebt* und *piremus* Eisenlohr selbst nicht vollständig be-
friedigt zu haben, denn er spricht an späterer Stelle (S. 142) von dem

---

[1]) Eisenlohr, »Ein mathematisches Handbuch der alten Ägypter (Papyrus Rhind des British Museum)«, Leipzig 1877, S. 135/136 (fernerhin als
»Eisenlohr, Papyrus« angeführt).

»Verhältnis der halben Diagonale zur Kante der Pyramide (vielleicht der halben Grundlinie zum Apothem)« und in ähnlicher Weise auch S. 96 und S. 146, hält sonach die Frage, welche Linien mit *ucha tebt* und *piremus* gemeint sein können, ebenso wie die Frage ihres Zusammenhanges mit *senti* und *qai en haru*, offenbar noch einer anderen Auslegung für fähig.

Das Problem dieser verschiedenartigen Benennung bei Körpern von gleichem geometrischen Aufbau hat augenscheinlich auch Cantor mehrfach beschäftigt, denn in einer späteren Auflage seiner »Vorlesungen über Geschichte der Mathematik« kommt er nochmals eingehend darauf zurück. Nachdem er den vorhin wörtlich angeführten Absatz einschließlich des Satzes »Die durcheinander zu teilenden Strecken heißen hier ganz anders« ohne Änderung übernommen, fährt er fort:

»Als Zähler ist Qaienharu, als Nenner die Hälfte des Senti angegeben, und das müssen doch wohl andere Linien sein als diejenigen, welche die Namen Uchatebt und Piremus führten. Insbesondere die Verwandtschaft zwischen Qaienharu und dem erwähnten Qa nötigt dazu, diesen Zähler als die senkrechte Höhe der Pyramide zu deuten. Vielleicht ist folgender Erklärungsversuch gestattet.«

»Man weiß, daß die ägyptischen Pyramiden zunächst staffelförmig mit parallelepipedischen, aufeinander ruhenden, sich verjüngenden Stockwerken angelegt wurden, und daß dann erst die Ausfüllung der Winkelräume bis zur Herstellung einer glatten Oberfläche erfolgte. Dem Arbeiter machte die Herstellung dieser Ausfüllsteine zuverlässig am meisten Schwierigkeit, und es wäre keineswegs unmöglich, daß der Baumeister, um seinem Arbeiter die Aufgabe zu erleichtern, Modelle hätte anfertigen lassen. Deren brauchte man aber zwei, von der in Fig. 10 und 11 gezeichneten Gestalt. Das einfache Modell (Fig. 10) diente zur Ausfüllung der Breitseiten, das andere

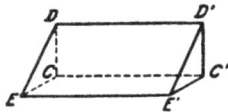

(Fig. 11), an der Ebene *DCF* mit einem symmetrisch gleichen zusammentreffend, diente die Ecken zu bilden, beide Modelle paßten mit der Ebene *DCE* aneinander. Das zweite Modell

Fig. 10.   Fig. 11.

stellt sich als achter Teil einer der Großen Pyramide ähnlichen Modellpyramide dar; dabei ist *DF* die Kante, *DC* die senkrecht von der Spitze auf die Grundfläche gefällte Höhe, *CF* die halbe Diagonale der Grundfläche, *EF* und die ihr gleiche *CE* ($\not\subset CEF = 90^0$, $\not\subset CFE = 45^0$, also auch $\not\subset ECF = 45^0$ und $EF = CE$) die halbe Seite der quadratischen

Grundfläche. Bei dem ersten Modell kommt es wesentlich auf $\sphericalangle DEC$ an, bei dem zweiten auf eben diesen und auf $\sphericalangle DFC$; folglich genügte auch das zweite Modell allein, um beide Arten von Ausfüllsteinen behauen zu können. Nennen wir nun die vier erwähnten Längen, bzw. ihre Verdopplung, $DF = pir\ em\ us$, $DC = qai\ en\ haru$, $2\,CF = ucha\ tebt$, $2\,CE = senti$, so treten alle vier an einem Raumgebilde auf und müssen naturgemäß selbständige Namen führen. Seqt aber,

„die Verhältniszahl', ist in der einen Ebene $\dfrac{^{1}/_{2}\ ucha\ tebt}{pir\ em\ us} = \dfrac{CF}{DF} =$ cos DFC, in der andern Ebene gleich $\dfrac{quai\ en\ haru}{^{1}/_{2}\ senti} = \dfrac{CD}{CE} = \text{tang}\,DEC.$

Allerdings würde diese Hypothese die zweite in sich schließen, daß das gleichschenklig-rechtwinklige Dreieck CEF als solches erkannt gewesen wäre.«[1]

Von andrer Seite wurden Erklärungen versucht, welche mehr befriedigen sollten. L. Borchardt geht von rein praktischen Gesichtspunkten aus: »Die betreffenden Linien müssen alle, wie auch Eisenlohr hervorhebt, nicht rein theoretisch und außerdem leicht meßbar sein, das ist aber bei der Uchatebt, wenn man sie mit ‚Diagonale der Grundfläche' überträgt, keineswegs der Fall, vielmehr ist dieselbe an einer ausgeführten Pyramide — mit mathematischen Gebilden haben wir es nicht zu tun — direkt überhaupt nicht zu messen und rechnerisch nur mit Hilfe des pythagoreischen Lehrsatzes zu gewinnen, dessen Kenntnis bei den Ägyptern nicht vorauszusetzen ist. Pir-em-us, ‚Seitenkante', ist ja meßbar, die Kenntnis ihrer Länge ist aber, wie jeder, der mit Bauarbeiten zu tun hatte, ohne weiteres einsieht, ohne praktischen Wert. Praktische Bedeutung muß aber allen diesen Ausdrücken zu Grunde liegen, da das ganze ‚mathematische Handbuch' nur Aufgaben enthält, welche an den Ägypter der damaligen Zeit des öfteren herantraten. Auch die Erklärung des Seqt, der, anders ausgedrückt, den Winkel zwischen Seitenkante und Grundfläche bestimmen soll, kann vom praktischen Gesichtspunkte nicht genügen. Dieser Winkel hat nämlich für den ausführenden Steinmetz gar kein Interesse, da er sich an seinem Werkstück ganz von selbst ergibt, wenn die Neigungen der beiden zusammenstoßenden Seitenflächen richtig angelegt sind.«[2]

---

[1] Cantor, »Geschichte«, I. S. 100/101.

[2] L. Borchardt, »Wie wurden die Böschungen der Pyramiden bestimmt?«, Z. f. ägypt. Sprache und Altertumskunde, Leipzig 1893, S. 9—17 (Fernerhin als »Borchardt, Böschungen« angeführt.)

Borchardt kommt aus diesem Grunde zu der Ansicht, daß für ein und dasselbe Stück mehrere technische bzw. mathematische Bezeichnungen existiert haben, und setzt Piremus = Qaienharu und Uchatebt = Senti. Danach stellte der Seqt in allen Beispielen gleichmäßig nicht nur die Kotangente des Winkels α, sondern gleichzeitig auch die Bruchteile der Längeneinheit dar, um welche die Seitenfläche der Pyramide auf eine Einheit senkrechter Steigung von der Vertikalen zurückweicht, was heute als Maß der Böschung bezeichnet würde. Die einfache Bestimmung dieser Böschung durch zwei Katheten eines rechtwinkligen Dreiecks ermöglichte die Herstellung von Lehren in Dreiecksform, nach denen die Steinmetzen die Böschung der Steine der Bekleidung herstellen konnten. Zur Unterstützung dieser Annahme werden unter der Voraussetzung, daß Seqt = cotg α, die Neigungswinkel in den sechs Ahmes-Aufgaben berechnet mit 54⁰ 14' 46", mit 53⁰ 7' 48" und mit 75⁰ 57' 50" und festgestellt: »Von diesen Neigungswinkeln gleicht der erste genau dem Winkel der unteren Hälfte der südlichen Steinpyramide von Dahschur, der zweite, welcher am häufigsten (viermal) in unsern 6 Aufgaben erscheint, stimmt genau mit den von Petrie in situ gemessenen Winkeln der zweiten Pyramide von Gizeh überein, und der letzte ist genau der von Petrie nachgewiesene Mastabawinkel. Man sieht also, daß unsere Beispiele praktische Unterlagen haben. Man kann sogar nachweisen, daß die alten Werkleute wirklich derartige Berechnungen beim Bau anwendeten, wie wir das noch heute deutlich an den von Petrie aufgedeckten Winkelmauern an den 4 Ecken der Mastaba Nr. 17 zu Medum sehen können. Diese Eckwinkelmauern, welche den bei uns jetzt üblichen hölzernen Schnurgerüsten entsprechen, zeigen nämlich, wie die Erbauer der Mastaba sich die anzulegende Neigung der Wände nach der in Aufgabe Nr. 60 des mathematischen Papyrus gegebenen Vorschrift bezeichnet haben.« [1])

Da Borchardt wiederholt auf Petrie Bezug nimmt, so sei hier in Kürze bemerkt, daß Petrie durch seine Messungen auf dem Pyramidenfelde zu Gizeh feststellte, daß die Größe der verschiedenen Neigungen immer einem einfachen Verhältnisse zwischen vertikalem und horizontalem Abstande entspricht, und zwar aus dem einleuchtenden Grunde, weil die Abweichung der gemessenen von den aus diesen wahrscheinlichen Verhältnissen errechneten theoretischen Winkeln immer innerhalb der Fehlergrenze der Messung liegt (Petrie, Abschn.

---

[1]) Borchardt, »Böschungen«.

121). Die von Petrie aufgestellte Tabelle sei hier (ohne Fehlergrenzen) wiedergegeben, da auf einzelne Werte derselben bei späteren Erörterungen zurückgekommen werden muß.

Building	Observer	Observation	Theoretical angle	Rise of	
Mastaba between 37 & 40 Gizeh	Petrie	80° 57′	80° 32′ 15″	6 on	1
Mastaba 44 Gizeh (the best) .	»	76° 0′	75° 57′ 50″	4 »	1
Mastabas, mean of all, Gizeh	»	75° 52′	75° 57′ 50″	4 »	1
Mastaba-Pyramid Medum . .	Vyse	74° 10′	75° 57′ 50″	4 »	1
»　　» 　Sakkara . .	»	73° 30′	75° 57′ 50″	4 »	1
Kusi Farun Beyahmu	»	63° 30′	63° 26′ 6″	2 »	1
South brick Pyramid Dahshur	»	57° 20′ 2″	57° 15′ 54″	14 »	9
South stone 　» 　base »	»	54° 14′ 46″	54° 9′ 46″	18 »	13
Second 　　» 　Gizeh	Petrie	53° 10′	53° 7′ 48″	4 »	3
Ninth 　　» 　　»	»	52° 11′	52° 7′ 30″	9 »	7
Great 　　» 　　»	»	51° 52′	{51° 50′ 35″ / 51° 51′ 14″	14 » 11 / 4 » π	
North brick 　» 　Dahshur	Vyse	51° 20′ 25″	51° 20′ 25″	5 »	4
Third 　　» 　Gizeh	Petrie	51° 10′	51° 20′ 25″	5 »	4
Small 　　» 　Dahshur	Vyse	50° 11′ 41″	50° 11′ 40″	6 »	5
North stone 　» 　　»	»	43° 36′ 11″	43° 36′ 10″	20 »	21
South 　» 　　top 　»	»	42° 59′ 26″	43° 1′ 31″	14 »	15

Es soll nun im folgenden nicht nur der Versuch gemacht werden, die im Rechenbuche des Ahmes vorkommenden Benennungen Uchatebt und Piremus auf den Erbauer der Großen Pyramide zurückzuführen, den Ausdrücken Senti und Qaienharu dagegen ein bedeutend höheres Alter zuzuweisen, sondern es soll auch weiterhin versucht werden, nachzuweisen, daß der Erbauer der Großen Pyramide — vollständig im Sinne der hier vertretenen Anschauung — mit Uchatebt die Seitenlänge 2a der Grundfläche und mit Piremus die Höhe c des Manteldreiecks bezeichnet hat, daß also

$$\frac{{}^1/_2\,\text{Uchatebt}}{\text{Piremus}} = \text{Seqt} = \frac{a}{c} = \cos a$$

nach unsern heutigen Begriffen der Kosinus des Winkels ist, welchen die Mantelfläche mit der Grundfläche einschließt.

Es wird sich hierbei von neuem erweisen, daß alle gegensätzlichen oder unsicheren Erklärungen, von der höheren Warte der Oberflächenverteilung nach dem Goldnen Schnitte aus betrachtet, zwanglos sich in diese Hypothese einordnen. Daß jedenfalls derjenige, welcher gewissen Linien zuerst die Namen Piremus und Uchatebt beilegte, nicht die Ausmessung eines Winkels, sondern, wie späterhin noch ersichtlich wird, ein anderes Verhältnis — offenbar das für seine Pyramide wichtigste des Goldnen Schnittes — festlegen wollte, geht in logischer Folge schon aus dem Inhalt der Aufgabe Nr. 60 hervor, in welcher »nicht von einer Pyramide, sondern von einem Grabmale die Rede ist, welches sich viel steiler zuspitzt als die Pyramide, mit der es übrigens die quadratische Gestalt der Grundfläche teilt« und bei welchem, trotzdem es sich um einen der Pyramide im geometrischen Aufbau vollständig gleichen Körper handelt, die durcheinander zu teilenden Strecken nicht nur ganz anders heißen, sondern nach der Anschauung Cantors »auch mutmaßlich andere sind als bei der Pyramide«.

Als Grundlage der folgenden Erörterung muß daher des näheren auf die sprachliche Bedeutung der in Rede stehenden Ausdrücke eingegangen werden.

Ucha tebt: Eisenlohr übersetzt wörtlich: »Suchen der Fußsohle, also jedenfalls ein zur Grundfläche gehörendes Stück«.

Borchardt sagt: »die an der Sohle läuft (??), ist auch eine Linie der Grundfläche.«

Es besteht demnach Übereinstimmung darüber, daß die Linie in der Grundfläche liegt.

Pir em us: Eisenlohr übersetzt wörtlich: »herausgehen aus dem us« und erklärt »us« (geschrieben ℮ [Hieroglyphenzeichen] und durch das Haus [Hieroglyphenzeichen] determiniert) als etwas Lokales, das nach dem Vorkommen an anderen Stellen dasselbe bedeutet wie »usecht«, der breiteste Teil des Tempels, der große offene Säulenhof. Dieses letztere Wort kommt aber auch in der Bedeutung »Säge« vor, was durch weitere Anführungen noch bestätigt wird.

Aus alledem kommt Eisenlohr zu dem Schlusse: »Man könnte darum an die Linie denken, welche entsteht, wenn man die Pyramide von der Spitze aus durchsägt, den Durchschnitt derselben« (S. 134). Des weiteren S. 135: »hervorkommen aus dem Sägeschnitt rührte wohl daher, daß die Linie da liegt, wo der Sägeschnitt nach außen tritt.«

Borchardt ist der Ansicht: »Es dürfte ungefähr heißen: ,Die aus us (Grundfläche?) heraustretende Linie‘, was auch gut zu der Bedeutung Höhe paßt.«

Die letztere Auslegung erscheint gewaltsam, und es ist ihr entgegenzuhalten, daß Borchardt in der Zeile darauf von »senti, sonst Grundfläche« spricht; es kann also »us«, was Borchardt übrigens selbst als fraglich ansieht, nicht ebenfalls Grundfläche bedeuten, und so bleibt bei Piremus als sicher vorläufig nur die Teilauslegung »die heraustretende Linie«.

Hier sei die Auffassung gestattet, daß das dem Worte »us« zugefügte Deutzeichen »Haus« ($\square$), das auch Gebäude, Bauwerk bedeuten könnte, seinen Ausgang (Öffnung), wie direkt aus der Hieroglyphe abzulesen ist, in der Mitte besitzt. Ob demnach in diesem Falle die Auslegung »herauskommen des Sägeschnittes aus der Gebäudemitte« oder kurz »herauskommen aus der Gebäudemitte« nicht die meiste Berechtigung hat, muß dem Urteil der Sprachforscher überlassen bleiben.

S e n t i : Eisenlohr: ». . . worunter nur die Grundlinie verstanden werden kann« (S. 134).

Borchardt: »Senti, sonst Grundfläche, ... wird also eine Linie in oder an der Grundfläche sein.«

Die bestimmte Auslegung Eisenlohrs ist derjenigen Borchardts vorzuziehen, um so mehr, da später gezeigt werden soll, daß »in« und »an der Grundfläche« nicht gleiche Bedeutung zu besitzen brauchen.

Q a i e n h a r u : Eisenlohr: »die wirkliche Höhe, ... Höhe des Himmels, obere Höhe« (S. 135).

Borchardt: »bedeutet zweifellos Höhe.«

Auch hier herrscht demnach Übereinstimmung.

Für die nun folgenden Darlegungen sei die auf S. 51 angeführte Tabelle von Petrie nachstehend nochmals im Auszuge — und zwar chronologisch geordnet — wiedergegeben, vervollständigt durch Angaben über die Erbauer der Pyramiden, soweit der heutige Stand der Geschichte dazu Material zur Verfügung stellt.

Die Knickpyramide von Dahschur (Nr. 5 u. 6), deren Erbauer unbekannt ist, wurde hierbei der III. Dynastie zugewiesen, da von dieser Zeitperiode an über die Erbauer der heute bestehenden Pyramiden nur wenig Zweifel mehr herrscht.

Um nun zu einer befriedigenden Erklärung zu gelangen, muß darauf hingewiesen werden, daß schon im Alten Reiche — lange vor der Pyramidenzeit — die Gräber der Vornehmen als feste Grabbauten aus Ziegeln oder Kalksteinblöcken mit rechteckiger oder quadratischer Grundfläche und schrägen Wänden hergestellt wurden. Sie werden heute von den Altertumsforschern mit ihrem arabischen Namen »Mastaba« bezeichnet. Nach Petrie haben die derzeit noch erhaltenen Mastabas 10 bis 20 Fuß Höhe, bei einem Neigungswinkel der Seitenflächen von ungefähr 76°. Nach gründlichen Vermessungen kommt

Petrie zu dem Schlusse: »Nun ist 75° 57′ 50″ der Winkel, der durch eine Steigung von 4 auf einer Grundlinie von 1 hervorgebracht wird; daher scheint die Regel für den Mastaba-Winkel gewesen zu sein, daß die Fläche um 1 Elle auf je 4 Ellen zurückgesetzt wurde. Die Neigung von 80° 57′ 15″ auf der Ost- und Westseite einer Mastaba ist wahrscheinlich nach demselben Prinzip bestimmt, da eine Steigung von 6 auf 1 eine Neigung von 80° 32′ 15″ ergibt.« (Petrie, Abschn. 103.)

Bauwerk	Theoretischer Winkel	Neigung	Erbauer	Dyn.
1. Mastaba between 37 & 40 Gizeh	80° 32′ 15″	6 on 1	Seit den ältesten Zeiten. I., II., III. Dynastie	
2. Mastaba 44 Gizeh (the best)	75° 57′ 50″	4 » 1		
3. Mastabas, mean of all, Gizeh	75° 57′ 50″	4 » -1		
4. Mastaba Pyramid Sakkara.	75° 57′ 50″	4 on 1	Zoser	III.
5. South stone Pyramid base Dahshur	54° 9′ 46″	18 » 13	?	?
6. South stone Pyramid top Dahshur	43° 1′ 31″	14 » 15	?	?
7. Mastaba Pyramid Medum	75° 57′ 50″	4 » 1	Snofru	IV.
8. North stone Pyramid Dahshur	43° 36′ 10″	20 » 21	Snofru	IV.
9. Great Pyramid Gizeh . {	51° 50′ 35″	14 on 11		
	51° 51′ 14″	4 » 3,14159	Cheops	IV.
10. Second » » .	53° 7′ 48″	4 » 3	Chephrem	IV.
11. Third » » .	51° 20′ 25″	5 » 4	Mykerinos	IV.
12. Ninth » » .	52° 7′ 30″	9 » 7	?	?
13. Small Pyramid Dahshur	51° 11′ 40″	6 on 5	Amenemhat II.	XII.
14. North brick Pyramid Dahshur	51° 20′ 25″	5 » 4	Usertesen III.	XII.
15. Kusi Farun Beyahmu .	63° 26′ 6″	2 » 1	Amenemhat III.	XII.
16. South brick Pyramid Dahshur	57° 15′ 54″	14 » 9	Amenemhat III.	XII.

Das spitze Grabmal in der Ahmes-Aufgabe Nr. 60 besitzt eine Höhe von 30 Ellen bei 15 Ellen Grundlinie und damit das charakteristische Verhältnis des Mastaba-Winkels von $30 : \dfrac{15}{2} = 4 : 1$, so daß dieses Bauwerk als Mastaba angesprochen werden muß. Da die Größe der Grabdenkmäler jedenfalls von Anfang an nach der Vornehmheit des Verstorbenen bemessen wurde, so mußte bei jedem Neubau in erster Linie die Grundfläche, bzw. ihre Außenseite: die Grundlinie (= Senti) angenommen werden, mit welcher, bei dem konstanten Verhältnis $\dfrac{\text{Höhe}}{^1\!/_2\,\text{Grundlinie}} = 4:1$, gleichzeitig auch die Höhe (= Qaienharu) festgelegt wurde. Senti und Qaienharu, ebenso wie der Neigungswinkel 4:1, müssen daher so alt sein wie die Mastabas, d. h. lange vor der Pyramidenzeit in Gebrauch gewesen sein.

»Wie die Straßen einer Stadt um den Palast eines Fürsten, so gruppierten sich die reihenweise geordneten Mastabas um das Grabmal des Königs. In ältester Zeit ist auch dieses eine große aus Ziegeln errichtete Mastaba gewesen«[1]. Der menschlichen Natur gemäß und daher keines Beweises bedürfend, erscheint nun die weitere Entwicklung vorgezeichnet. Mit der zunehmenden Macht der Könige mußte sich auch ihr Grabmal — entsprechend dem Totenkult der Ägypter — an Umfang vergrößern. Bei dem steilen Neigungswinkel von 4:1 war jedoch der dominierenden Abmessung — der Höhe — infolge Herstellungsschwierigkeiten bald eine Grenze gesetzt. Zoser und Snofru türmten daher bei Sakkara und Medum mehrere abgestumpfte Mastabas übereinander (Nr. 4 und 7 obiger Tabelle), deren gestufte Seitenwände heute noch den charakteristischen Mastabawinkel aufweisen. Es entstand so von selbst die roheste Form einer großen Pyramide — die Stufenpyramide. Da die echten Pyramiden im Laufe der Zeit infolge Zerstörung ihrer Böschungssteine ebenfalls die Form einer Stufenpyramide — allerdings mit fast senkrecht gestuften Seitenwänden — annahmen, nennt Petrie, um die sog. Stufenpyramiden von den echten Pyramiden zu unterscheiden, erstere nach ihrer Entstehungsweise sehr richtig »Mastabapyramiden« und bemerkt: »Es gibt nur zwei der sog. Pyramiden, die nicht bekleidet und abgeböscht waren, mit einspringenden Winkeln; das sind die beiden Mastaba-Pyramiden von Sakkara und Medum, die in Wirklichkeit aus übereinander gesetzten Mastabas mit dem charakteristischen Winkel von 75° bestehen.« (Petrie, Abschn. 110.)

Ohne daß es möglich wäre, einen Beweis hierfür zu erbringen, muß logischerweise doch vermutet werden, daß der Bau der Knickpyramide von Dahschur (Nr. 5 und 6 der Tabelle), für deren Ent-

---

[1] G. Steindorff, »Zur ägyptischen Kunstgeschichte«, Baedekers Ägypten, Leipzig 1902, S. CXXXVIII.

stehungszeit uns die Geschichte keinen Anhalt liefert, in diese Zeitperiode des augenscheinlichen Suchens nach einer neuen Form des
Königsgrabes fällt. Denn dieser Bau stellt durch das Aufsetzen einer
wenig geneigten Pyramide auf einen steileren Pyramidenstumpf
offenbar ebenfalls einen Versuch dar, mit geringerem Neigungswinkel bei gefälligerer Formgebung das Bauwerk »in die Höhe zu
bringen«. Erreichten die beiden Stufenpyramiden von Sakkara
und Medum ungefähr 60 m Höhe, so weist die Knickpyramide von
Dahschur bereits eine solche von 97 m auf. Bemerkenswert ist bei
dieser außerdem das erstmalige Abweichen von dem Mastabawinkel,
indem der untere Teil der Pyramide 54° 14′, der obere 42° 59′ Neigung
aufweist.

Möglicherweise war aber die Formgebung hier noch nicht das
Bestimmende, sondern nur das Erreichen einer größeren Höhe. Dann
könnte man sich vorstellen, daß der Bauentwurf allein auf dem Neigungswinkel des unteren Teiles beruhte, in dessen Verfolge die Pyramide
eine Höhe von 130 m hätte erreichen müssen. Nicht unwahrscheinlich wäre es dann, daß sich während des Baues die Unmöglichkeit
herausstellte, mit den damaligen Herstellungsmitteln diese Höhe bei der
vorgesehenen steilen Neigung auch wirklich zu erreichen, und daß man
der Schwierigkeit aus dem Wege ging, indem man dem bereits ange-
fangenen steilen Pyramidenstumpf eine flachere Haube aufsetzte.

Die Stufenpyramide von Medum des Königs Snofru — des unmittelbaren Vorgängers von Cheops — soll angeblich unvollendet
geblieben und nie als Grabmal benutzt worden sein. Dagegen wird
dem Snofru als Erbauer auch die nördliche Steinpyramide von Dahschur zugewiesen. Diese besitzt bei 99 m Höhe bereits die richtige
Pyramidenform und einen Neigungswinkel, der nach Vyse genau
einem Verhältnis von 20 auf 21 entspricht (s. Petries Tabelle S. 51).

Damit beginnt offenbar ein neuer Abschnitt im Bau der Pyramiden.
Eine alles bisherige Menschenwerk überragende Höhe war bereits
erreicht, für die Neigung 20 auf 21 mit der zugehörigen rationalen
Hypotenuse 29 aber — für diese merkwürdige Tatsache der Verwendung pythagoreischer Zahlen im Bau der Pyramiden, mehr als
2000 Jahre vor Pythagoras, gibt es nur eine einfache Erklärung:
daß mathematisch-geometrische Spekulationen nunmehr ihren Einfluß auf die Bemessung der Pyramiden auszuüben beginnen. Das
näherliegende und jedenfalls bereits bekannte Verhältnis $3^2 + 4^2 = 5^2$
wurde seltsamerweise übergangen, vielleicht absichtlich zur Erzielung
eines geringeren Neigungswinkels.

Denn die bereits bestehende Knickpyramide veranschaulichte durch ihre zwei Neigungen in einfachster Weise, wie mit letzteren die größere oder geringere Herstellungsschwierigkeit des Baus zusammenhing. Wählte man für die neu zu erbauende Pyramide eine Neigung, entsprechend dem jedenfalls schon bekannten rationalen Dreieck $3^2 + 4^2 = 5^2$, so ergab sich der Neigungswinkel 53° 7' 48" als fast gleich dem des unteren Teils der Knickpyramide und damit, den bei dieser gemachten Erfahrungen zufolge, als zu steil. Wählte man dagegen für die neue geradlinige Form der Pyramide mit ihrem einfachen und klaren Linienzuge die leichter herzustellende Neigung des oberen Teils der Knickpyramide, so wollte man damit augenscheinlich auf ein rationales Verhältnis der Seiten des Neigungsdreiecks nicht verzichten. Man suchte und fand in $20^2 + 21^2 = 29^2$ ein solches Dreieck, dessen Neigungswinkel 43° 36' 10" fast gleich war dem oberen Neigungswinkel der Knickpyramide.

Wird ein Zufall ausgeschieden, eine Absicht nicht völlig verneint und damit das Neigungsverhältnis 20 auf 21 als Baugrundsatz anerkannt, dann ist weiter anzunehmen, daß die Maßbemessung der Pyramiden in dieser Richtung der ganzzahligen Maße vorwärtsschritt.

Trotzdem, scheinbar unvermittelt und bis heute unerklärbar, taucht in diesem Reiche der tausendjährigen Beständigkeit ein Revolutionär der Baukunst auf und stellt den Pyramidenbau auf eine völlig neue Grundlage. Daß diesen altägyptischen Schönheitssucher die früheren Versuche — Stufen- und Knickpyramide — nicht befriedigten, wäre noch einzusehen; welches Maß von Schönheitssinn aber ermöglichte es ihm, zu erkennen, daß die einzige bisher gebaute echte Pyramide mit dem Neigungsverhältnis 20 auf 21 zu breit ausladend, für die von ihr eingenommene Grundfläche zu niedrig war? Oder war es ein seiner Zeit vorauseilender mathematisch hervorragender Geist, welcher sich sagte, daß der Bau in seinen einfachen, klaren Linien nur dann dem Auge wohlgefällig wirken könne, wenn Grundfläche und Höhe in entsprechendem Verhältnis stünde, oder, da die Fläche mit der Linie ein Verhältnis nicht eingehen konnte, wenn Grundfläche und sichtbare Oberfläche ein gewisses Ebenmaß aufwiesen, in dessen Fortsetzung die sichtbare zur gesamten Oberfläche das gleiche Verhältnis erhielte? Setzt man voraus, daß sein geometrisches Wissen es ihm ermöglichte, die Oberflächenteile der Pyramide zu berechnen, so war der Schritt von der Voraussetzung

$$4a^2 : 4ac = 4ac : (4a^2 + 4ac)$$

zu der Bedingung

$$a : c = c : (a + c)$$

auch auf dem größten altägyptischen Kürzungsumwege eben doch nur ein Schritt. Trifft diese Hypothese das Richtige, oder war der Weg umgekehrt, vom linearen zum Flächenverhältnis, wer wollte dies heute entscheiden?

Das Resultat jedoch, zum Himmel aufragend, im Laufe der Jahrtausende bestaunt, befragt und doch durch eben diese Jahrtausende stumm und rätselhaft wie die zu seinen Füßen liegende Sphinx, ist heute noch vorhanden, es spricht mit unwiderleglichen Zahlen, nicht zur Phantasie, nur zur Vernunft, und diese schließt nüchtern weiter:

Um dieses Verhältnis in ein Bauwerk von der Form einer Pyramide umzusetzen, mußte eine gewählte Strecke derart geteilt werden, daß sich der kleinere Abschnitt zum größeren wie dieser zur ganzen Strecke verhielt. Nichts natürlicher dann als das Suchen einer einfachen Verkörperung dieser beiden Abschnitte an der fertig gedachten Pyramide. Sie finden sich vor im Durchschnitte der Pyramide parallel zur Grundlinie.

Heute empfinden wir das Wort »Durchschnitt«, kurzweg »Schnitt«, vollständig abstrakt und gedenken dabei kaum noch der Operation des Schneidens; vor 4000 Jahren jedoch konnte sich der naive Menschengeist einen Durchschnitt wohl nur als durch wirkliches Schneiden mit der Säge erzeugt vorstellen, und dort nun, wo der Sägeschnitt aus der Gebäudemitte herauskam (= Piremus), war der größere Abschnitt, während der kleinere sich als die halbe Mittellinie der quadratischen Grundfläche ergab, im Geiste der damaligen Zeit plastisch mit Fußsohle bezeichnet, und demnach an der Fußsohle gesucht werden mußte (= Uchatebt).

Daß diese Mittellinie (Uchatebt) bei der quadratischen Pyramide in ihrer Länge gleich war dem von altersher bekannten Senti (Grundlinie, Grundkante), konnte ebensowenig zu Mißverständnissen führen wie die heute geltenden Bezeichnungen »Mittellinie« und »Quadratseite«, trotzdem auch diese Strecken in ihrer algebraischen Größe identisch sind.

Dies zur Entstehung der Namen.

Das Wunder der Gedankenkraft wurde durch einen gewaltigen König oder durch einen mit königlichen Gewaltmitteln ausgestatteten Baumeister in das Wunder eines Bauwerks gewandelt, das in seiner Größe sowohl wie in seiner sorgfältigen Ausführung nie wieder seines-

gleichen gefunden. Sank das Geheimnis des Entwurfs mit dem Bau-
herrn ins Grab, geriet es sonstwie in Vergessenheit, war der nächste
Pyramidenerbauer ein Schüler des vorigen, der absichtlich sich von
den Theorien seines Meisters entfernte? Angenommen, der Grundsatz des Entwurfs wurde den Nachfahren nicht überliefert, so mußte
es schon bei dem Bau der nächsten Pyramide unerklärlich erscheinen,
daß bei der vorhergegangenen die Herstellung der nach den Borchardt-
schen Ausführungen jedenfalls verwendeten Böschungslehren unter
Zugrundelegung von Zahlen wie 220 : 280 : 356 bzw. 55 : 89 : 144
statt der schon einmal verwendeten bequemeren 20 : 21 : 29 erfolgte.
Es lag dann nahe, dieses unbequeme großzahlige Verhältnis durch
das sehr ähnliche, aber einfachere 3 : 4 : 5 zu ersetzen, nachdem die
früheren Herstellungsschwierigkeiten derartiger Neigungen augenscheinlich schon bei der Großen Pyramide überwunden worden waren.

Möglicherweise war mit dem Verhältnis 3 : 4 : 5 auch die Vor-
stellung einer Verbesserung in zahlenmäßiger Hinsicht verbunden,
denn auch die Pyramide mit den Einheitsdimensionen

$$a = 3 \qquad h = 4 \qquad c = 5$$

hatte für die damalige Zeit höchst merkwürdige geometrische Eigenschaften aufzuweisen.

Es war $a : h : c = 3 : 4 : 5,$

$a^2 + h^2 = c^2$ sowohl wie auch a, h und c ganzzahlig,
die Grundfläche $4a^2$ gleich dem 3 fachen Querschnittsdreieck $a \cdot h$,
die Mantelfläche $4ac$ gleich dem 5 fachen Querschnittsdreieck $a \cdot h$,
die Gesamtoberfläche ($4a^2 + 4ac$) gleich dem 8 fachen Querschnittsdreieck $a \cdot h$,

und mit $a \cdot h$ waren auch die vorgenannten im Verhältnis 3 : 5 : 8
stehenden Oberflächenteile ganzzahlig. Dieselbe Eigenschaft der
Ganzzahligkeit wiesen auch der Umfang der Grundfläche, gleich der
6 fachen Höhe, und der 3 fache Würfel über der Höhe, gleich dem
4 fachen Inhalt der ganzen Pyramide, auf.

Und so entstand die zweite Pyramide von Gizeh!

Spielten sich die Vorgänge in dieser Weise oder anders ab, jedenfalls blieb der Baugrundsatz der Großen Pyramide ohne Wiederholung,
und Eyth ist im Rechte, wenn er, nach vieljährigem Aufenthalt am
Fuße der Pyramiden, sein Urteil in die Worte zusammenfaßt: »Daß
alle späteren Bauten der gleichen Gattung mißverstandene und minder-
wertige Nachahmungen der Großen Pyramide sind, ist augenfällig«[1].

---

[1] Eyth, »Lebendige Kräfte«, S. 132.

Diese Anschauung Eyths wird durch die folgende Übersicht unterstützt, welche die Mächtigkeit der Pyramidenbauten nach ihrem geometrischen Volumen vergleicht, und zwar unter Zugrundelegung der ungefähr gleichen Stufenpyramiden als Maßeinheit:

Stufenpyramide von Sakkara	1,0
» » Medum	1,0
Knickpyramide von Dahschur.	13,0
Nördl. Steinpyramide von Dahschur. .	15,0
Cheopspyramide bei Gizeh	26,0
Zweite Pyramide » »	21,4
Dritte Pyramide » »	2,6
Große Pyramide bei Abusir	2,7
Nördl. » » »	1,0
Nördl. Ziegelpyramide bei Dahschur . .	2,3

Während die Cheopspyramide an Masse fast das Doppelte ihrer unmittelbaren Vorgängerin aufweist, hält sich nur noch die zweite Pyramide von Gizeh in der Nähe ihrer Dimensionen, während alle folgenden an Masse nur ein Zehntel der Cheopspyramide und weniger erreichen.

Aus dem Wirrsal des Unverständnisses für das Wesen der Großen Pyramide wurde — wie dies Petries Tabelle S. 51 überzeugend nachweist — offenbar der einzig richtige Ausweg in der Wiederanwendung von ganzzahligen Verhältnissen für die Katheten des Böschungsdreiecks gefunden. Ein solches war ja von altersher — lange vor den Pyramiden — für den Bau der Mastabas mit

Höhe : ½ Grundlinie = Qaienharu : ½ Senti = 4 : 1

in Gebrauch und ermöglichte jedenfalls die einfachste Herstellung der Böschungslehren.

Daß sich im Laufe der folgenden Jahrhunderte von der ursprünglichen Bedeutung der Namen Piremus und Uchatebt nur ihre Zugehörigkeit zur Pyramide im Gegensatze zur Mastaba erhielt, die Namen selbst jedoch mißverständlich oder absichtlich auf Höhe und Grundlinie angewendet wurden, ist eine Möglichkeit, die nicht in Abrede gestellt werden soll. — .

Nachdem im vorstehenden in großen Zügen die Baugeschichte der Pyramiden skizziert wurde, wie sie sich abgespielt haben kann, soll nunmehr im einzelnen auf die angeführten einen anderen Standpunkt vertretenden Erklärungen eingegangen werden.

Eisenlohr, den Sprachforscher, leitete augenscheinlich das richtige Sprachgefühl, als er Piremus und Uchatebt in erster Linie dem Querschnittsdreieck parallel zur Grundlinie zuschrieb. Beeinflußt durch die an sich richtige mathematische Schlußweise, legte er das Schwergewicht trotzdem auf den Diagonalschnitt, die Möglichkeit des Parallelschnittes jedoch mit um so mehr Recht offenlassend, als sich auch der Neigungswinkel des Parallelschnittes — der nach den von Ahmes gegebenen Bestimmungsstücken ungefähr 42° beträgt — durch Beispiele ausgeführter Pyramiden belegen läßt: »Nur zwei der Pyramiden der Perringschen Tabelle haben ähnliche Neigungswinkel: Nr. 29, nördliche Steinpyramide von Dahschur, mit 43° 36′ 11″ und der untere (soll heißen obere) Teil der südlichen Steinpyramide von Dahschur mit 42° 59′ 26″ «[1]) (siehe auch die letzten beiden Nummern der Petrieschen Tabelle S. 51).

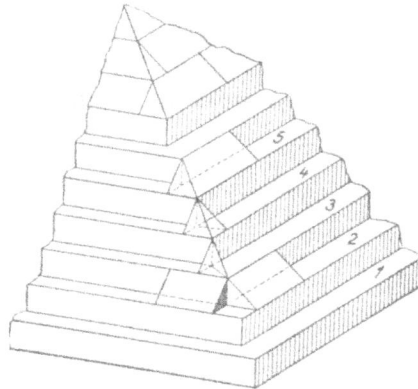

Vollständig entgangen zu sein scheint den Anhängern des Diagonalschnittes der Umstand, daß zur

Fig. 12.

Versinnlichung der aufstrebenden Pyramidenkante ein erst auszuführender Durchschnitt sich völlig erübrigte; diese Kante ist ja die sichtbarste, sich dem Beschauer in jeder Stellung geradezu aufdrängende Linie. Wenn Eisenlohr anführt: »Für den Schnitt in der Diagonale spricht die Sichtbarkeit der Kante«, so muß gerade der gegenteiligen Schlußweise größere Berechtigung zugesprochen werden: Die Sichtbarkeit der Kante spricht gegen den Schnitt in der Diagonale, und die sinnlich nicht wahrnehmbare Manteldreieckshöhe (das »Apothem« Eisenlohrs) ist diejenige Linie, welche erst eines Sägeschnittes bedarf, um sichtbar zu werden.

Die Ausführungen Cantors dagegen zu dem gleichen Gegenstande erscheinen, abgesehen von der zeichnerisch unrichtigen Darstellung des Modells in Fig. 11, gekünstelt und treffen nicht den Kern der Sache.

Um eine einwandfreie Beurteilung seiner Anschauung zu ermöglichen, seien in Fig. 12 einige Stufen der Pyramide veranschaulicht, und zwar Stufe 1 ohne Ausfüllsteine, Stufe 2 mit Ausfüllsteinen nach

---

[1]) Eisenlohr, »Papyrus«, Fußnote S. 138.

Cantors Modell Fig. 10 und Stufe 3 mit Ausfüllstein nach Cantors Modell Fig. 11, deren zwei den auf der vorhergehenden Stufe noch leeren Eckwinkelraum auszufüllen hätten. Wäre nun diese letztere Annahme Cantors zutreffend, so müßte der Krönungsstein auf der Spitze der Pyramide aus acht solchen Steinen bestanden haben. Hierfür lag jedoch nicht der geringste Anlaß vor. Die Ägypter waren — wie die gesamte äußere und innere Ausführung der Pyramide heute noch beweist — zu gewiegte Baumeister, um nicht überflüssige Paßflächen zu vermeiden. Stellten sie demnach ohne Frage den Krönungsstein aus einem Stücke her, so lag für sie auch keine Notwendigkeit vor, die 840 einzelnen Eckwinkelräume der 210 Stufen der Pyramide mit je zwei Steinen auszufüllen. Deren Bearbeitung und Zusammenpassung hätte ungleich mehr Aufwand an Arbeit verursacht als die Herstellung dieser Ecksteine aus einem Stücke in der Form, wie sie auf Stufe 4 dargestellt erscheint. Die Fertigkeit der Ägypter im Steinbau läßt jedoch den weitergehenden Schluß zu, daß sie der einfachsten Ausführung, d. h. der Vermeidung aller Ecksteine durch entsprechende Abschrägung der an die Kante stoßenden Verschalsteine, wie auf Stufe 5 veranschaulicht, den Vorzug gaben.

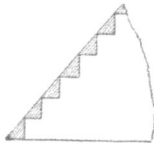

Fig. 13.

Fig. 14.

Sie vermieden mit solcher Ausführungsweise gegenüber den Doppelecksteinen die Herstellung von 3360 metergroßen Paßflächen und gegenüber den ungeteilten besonderen Ecksteinen noch immer 1680 solcher Paßflächen.

In beiden Fällen erübrigte sich dadurch die Notwendigkeit der Festlegung irgendwelcher anderen Dimensionen außerhalb des zur Grundlinie parallelen Pyramidenquerschnitts, mit andern Worten: Piremus und Uchatebt waren für den Aufbau der Pyramide vollständig ausreichend.

An den vorstehenden grundsätzlichen Darlegungen ändert auch die Tatsache nichts, daß die Verschalungsteine nicht mit Dreiecksquerschnitt, wie in Fig. 13 angedeutet, sondern mit Trapezquerschnitt nach Fig. 14 ausgeführt wurden. Nur diese Form konnte ein genaues Anpassen der bearbeiteten harten Verschalungssteine aufeinander ermöglichen und damit eine glatte, winkelrechte Oberfläche der Pyramide gewährleisten. Die Ausführung nach Fig. 13 wäre baulich unzulänglich gewesen. Sie wurde den vorstehenden Darlegungen nur zu Grunde gelegt, um Cantor zu folgen und die Erklärungen einfacher zu gestalten.

Erscheint demnach in technischer Hinsicht die Erklärung Cantors als nicht überzeugend, so fehlt ihr auch in historisch-mathematischer Richtung die Grundlage, denn Cantor versucht zu erklären, was Ahmes nicht behauptet. Piremus, Uchatebt, Qaienharu und Senti treten nämlich bei Ahmes überhaupt nicht an einem Raumgebilde auf, sondern die beiden erstgenannten Dimensionen ausschließlich an Pyramiden, die beiden letzteren ausschließlich an dem Grabmale der Aufgabe Nr. 60.

Auch die weiteren hierauf bezüglichen Angaben dieser Aufgabe lassen nur die eine Erklärung zu, daß bei allen andern — den Pyramiden nur ähnlichen — Gebilden der Neigungswinkel a nicht mittels der Strecken a und c ($\frac{1}{2}$ Uchatebt und Piremus), sondern durch die Längen a und h ($\frac{1}{2}$ Senti und Qaienharu) festgelegt wurde, und zwar nach unsern heutigen Begriffen in der Form:

$$\text{Seqt} = \frac{\text{Qaienharu}}{\frac{1}{2}\,\text{Senti}} = \frac{h}{a} = \text{tg } a.$$

Tatsächlich läßt sich dieser Winkel durch die aufeinander senkrechten Strecken a und h geometrisch einfacher zeichnen als durch die beiden Schenkel a und c.

Borchardt ordnet sich mit seinen praktischen Ausführungen über die Unbrauchbarkeit der Pyramidenkante und ihres Neigungswinkels als Bestimmungsstücke der Pyramide, ebenso wie mit der Voraussetzung von Böschungslehren bei dem Bau der Pyramiden, ohne weiteres in die hier vertretene Anschauung ein. Zu seinem Beweise dafür, daß Piremus und Uchatebt identisch mit Höhe und Grundlinie sind, sei bemerkt: Der erste Neigungswinkel von 54° 14′ 46″, »welcher genau dem Winkel der unteren Hälfte der südlichen Steinpyramide von Dahschur gleicht«, wurde 1837/38 von Howard Vyse und Perring festgestellt, über deren Messungen Petrie wie folgt urteilt: »Die Winkel, die Perring für Oberst Vyse ermittelt hat, können nicht als sehr geeignet zum Vergleiche mit Theorien angesehen werden, da sie in einem Falle deutlich irrig sind (Winkel der zweiten Pyramide); und einige Beobachtungen nähern sich so außerordentlich theoretischen Winkeln, daß sie von dem Beobachter modifiziert zu sein scheinen.« (Petrie, Abschn. 121.)

Der zweite Winkel 53° 7′ 48″, »welcher genau mit dem von Petrie in situ gemessenen Winkel der zweiten Pyramide von Gizeh übereinstimmt«, ist nicht dieser, von Petrie nach Tabelle S. 51 mit 53° 10′ bestimmte, sondern der dort aus dem angenommenen theoretischen

Neigungsverhältnis $4:3$ errechnete theoretische Winkel. Die absolute Gleichheit mit diesem letzteren Winkel ist jedoch selbstverständlich, weil das Verhältnis der Bestimmungsstücke der Aufgaben Nr. 57 bis 59, $93\frac{1}{3}$ Ellen $:\dfrac{140}{2}$ Ellen, ebenfalls $4:3$ ist.

Das gleiche gilt für die Mastaba-Aufgabe Nr. 60 mit den Bestimmungsstücken $30:\dfrac{15}{2}=4:1$, gemäß welchen sich naturgemäß der von Petrie angegebene theoretische Mastabawinkel ergeben muß. Darüber, daß in dieser Aufgabe Qaienharu und Senti die Bedeutung Höhe und Grundlinie haben, besteht zudem kein Zweifel, so daß Borchardt mit seiner Auffassung nur die der anderen Forscher teilt.

Trotz der vorstehenden Bemerkungen über die beiden ersten Neigungswinkel Borchardts bleibt die geringe Differenz zwischen den nach seiner Annahme errechneten Winkeln und denjenigen ausgeführter Pyramiden auffällig, und die bereits erwähnte Möglichkeit einer im Laufe der Jahrhunderte eingetretenen mißverständlichen oder absichtlichen Anwendung der Namen Piremus und Uchatebt für Höhe und Grundlinie ist daher nicht unbedingt von der Hand zu weisen. In Hinsicht auf die Große Pyramide jedoch sprechen die hier angeführten Umstände deutlich dafür, daß Piremus und Uchatebt zwei mit ihr entstandene Strecken darstellten, bei denen das Verhältnis (Seqt) der kleineren zur größeren das gleiche war wie das der größeren zur Summe von beiden. An sich ist übrigens die Voraussetzung der Kenntnis und Anwendung solcher Streckenverhältnisse bei den Ägyptern naheliegender als die Annahme »erster Spuren der Trigonometrie« (Eisenlohr, Papyrus, S. 6) oder »der nachweislich ersten Versuche auf goniometrischem Gebiete« (Borchardt, Böschungen) bzw. »der Entstehung der ersten trigonometrischen Verhältnisse in einem ägyptischen Papyrus« (A. v. Braumühl, Vorles. über Gesch. d. Trig., I. S. 2, Leipzig 1900).

11. Historisch-mathematische Gesichtspunkte.

Es muß zugegeben werden, daß alle diese Überlegungen sich nur auf Vermutungen gründen können. Die moderne kritisch-mathematische Geschichtsforschung kennt kein Auftreten des Goldnen Schnittes in einer Zeit, welche mehr als 2000 Jahre v. Chr. liegt. Sie weist vielmehr die Erfindung dieses Verhältnisses nebst der Entstehung des pythagoreischen Lehrsatzes Pythagoras und seiner Schule (570—400 v. Chr.) zu und läßt besonders Platon (429—348 v. Chr.)

und Eudoxus (390—337 v. Chr.) sich eingehend mit dem Goldnen Schnitte beschäftigen.

Als Beweis in gleicher Richtung muß auch die Tatsache angesehen werden, daß die Griechen den Goldnen Schnitt als Baugrundsatz erst in den Bauten aus den Jahren 450—430 v. Chr. verkörperten, wobei sie sich augenscheinlich auf die Forschungen der pythagoreischen Schule stützten.

Bemerkenswert in diesem Zusammenhange ist auch eine Reihe geschichtlicher Tatsachen, wie sie uns Cantor in seinen »Vorlesungen über Geschichte der Mathematik« zur Kenntnis bringt:

»Hieronymus von Rhodos, ein Schüler von Aristoteles, erzählt, Thales habe die Pyramiden mittels des Schattens gemessen, indem er zur Zeit, wenn der unsrige mit uns von gleicher Größe ist, beobachtete.«

»Im Platonischen Timäus findet sich eine Stelle, welche etwa folgendermaßen heißt: Um mit zwei Flächen eine geometrische Proportion zu bilden, deren äußere Glieder sie sein sollen, genüge es, eine dritte Fläche als geometrisches Mittel anzusetzen.«

»Zwei wichtige Tatsachen gelangten dadurch zu unserem Bewußtsein, die eine, daß der Begriff der Irrationalen der Schule des Pythagoras angehörte, die andere, daß dieselbe Schule sich viel mit Verhältnissen beschäftigte.«

»Eudoxus führte weiter aus, was von Platon über den Schnitt begonnen worden war, wobei er sich der analytischen Methode bediente. Der Schnitt, über welchen Untersuchungen von Platon begonnen worden waren, muß, wie in richtigem Verständnis dieses lange für unerklärbar dunkel gehaltenen Ausspruches erkannt worden ist, ein ganz bestimmter gewesen sein, ein solcher, dem die damalige Zeit die größte Bedeutung beilegte. Das aber war der Fall mit dem Schnitt der Geraden nach stetiger Proportion, mit dem sog. Goldnen Schnitt, wie die spätere Zeit ihn genannt hat . . . . Eudoxus hat die Proportionslehre geometrisch betrachtet. . . . . Eine ganz andere Gattung von Untersuchungen des Eudoxus, welche nicht minder gut verbürgt sind, hatte stereometrische Ausmessungen zum Gegenstande. Archimed sagt uns mit ausdrücklicher Bestimmtheit, Eudoxus habe gefunden, daß jede Pyramide der dritte Teil eines Prismas sei, welches mit ihr die gleiche Grundfläche und Höhe habe . . . .«[1])

Die angeführten mathematischen Themen, die nach der bisherigen Anschauung hier erstmalig in der Geschichte der Mathematik auftreten, besitzen durchweg die engsten Beziehungen zu den geometri-

---

[1]) Cantor, »Geschichte«. I. S. 138, 163, 165. 240/241.

schen Eigenschaften der Pyramiden im allgemeinen und der Cheopspyramide im besonderen. Demnach mußten sie nach der hier vertretenen Anschauung bereits dem Erbauer der Cheopspyramide bis
zu einem gewissen Grade bekannt sein.

Um hierüber — soweit dies heute möglich — Klarheit zu schaffen,
sei vorerst nochmals berufenen Geschichtsforschern das Wort gegeben:

»Auch bei dem hochgebildeten griechischen Volke vermögen
wir wohl die Blüte seiner Kultur zu schauen, nicht aber den Weg,
auf dem es zu dieser Blüte gelangt ist. Wollen wir das erfahren, so
weisen uns die· Griechen selbst auf die Ägypter als ihre Lehrmeister.
Nach Ägypten zogen die griechischen Gelehrten, um sich in Medizin,
Mathematik, Astronomie unterrichten zu lassen, von dort brachten sie
die Kenntnisse mit, an welchen die gebildete Menschheit bis ins Mittelalter hinein gezehrt hat.«

»Unsere seitherige Kenntnis der alten Mathematiker geht nicht
über Thales (um 600 v. Chr.) hinaus, welcher selbst Ägypten besuchte.
.... Auch Pythagoras (570—480 v. Chr.) .... war lange in Ägypten
und betrieb dort eifrig wissenschaftliche Studien, wie er auch die
ägyptische Sprache erlernte.... Platon (429—348 v. Chr.), der
gleichfalls Ägypten besuchte.... Bei der Dürftigkeit der Nachrichten
aus der Euklid vorhergegangenen Geschichte der Mathematik kann
es nicht wundernehmen, daß sich eine Verbindung zu dem über ein
Jahrtausend älteren Papyrus Rhind nicht mehr herstellen läßt.«[1]

»Das Mathematikerverzeichnis des Eudemus berichtet über Thales
(624—548 v. Chr.): Thales, der nach Ägypten ging, brachte zuerst
diese Wissenschaft (die Geometrie) nach Hellas hinüber, und vieles
entdeckte er selbst, von vielem aber überlieferte er die Anfänge seinem
Nachfolger (d. i. Pythagoras), das eine machte er allgemeiner, das
andere sinnlich faßbarer.«

»Man wird nicht mehr leugnen wollen, daß vieles von dem, was
die Anfänge der griechischen Geometrie bildet, ägyptischen Lehren
verdankt sein kann....«

»Zweitens aber mag in der Tat das, was Thales in Ägypten sich
anzueignen imstande war, nicht alles umfaßt haben, was die Ägypter
selbst wußten; er, dem, wie die Berichte uns sagten, niemand Lehrer
war, bevor er mit den ägyptischen Priestern verkehrte.«

»Wir zweifeln daher keinen Augenblick, daß der Aufenthalt des
Pythagoras in Ägypten, daß der Unterricht, welchen er bei den dortigen

---

[1] Eisenlohr, »Papyrus«. S. 3, 5.

Priestern genoß, zu den Dingen gehörte, die landläufige Wahrheit waren ...., die niemand neu, niemand absonderlich oder gar unwahrscheinlich vorkamen.«

»Ja wir gehen noch weiter und schreiben dem Pythagoras den Besitz einer mathematischen Erfindungsmethode zu, des mathematischen Experimentes, ... womit freilich ebensowenig gesagt sein soll, daß das Bewußtsein ihm innewohnte, darin eine wirkliche Methode zu besitzen, als daß er ihr Erfinder war, die er aus den in Ägypten gewonnenen Anschauungen jedenfalls leicht abstrahieren konnte, wenn er sie nicht fertig von dort mitbrachte.«

»Noch unvergleichbar mehr (als in der Geometrie) leistete die pythagoreische Schule in der Arithmetik, gerade durch die Größe der Leistungen die Wahrscheinlichkeit fremden Ursprunges auch für diesen Zweig griechischer Mathematik bezeugend.«

»Ägypten sah ihn (Platon) jedenfalls zu längerem Aufenthalte, wenn auch Strabons Berichterstatter sehr übertrieben haben dürften. Bei der Beschreibung der alten Priesterstadt Heliopolis in Ägypten sagt nämlich dieser geographische Schriftsteller: Hier nun zeigt man die Häuser der Priester und auch die Wohnungen des Platon und Eudoxus. Denn letzterer kam mit Platon hierher, und sie lebten daselbst mit den Priestern dreizehn Jahre zusammen, wie einige angaben.«[1])

»Die Nachrichten, welche uns griechische Schriftsteller über Form und Inhalt der ägyptischen Geometrie, sowie die Zeit ihrer Erfindung durch Götter und Könige hinterlassen haben, sind sämtlich nur von untergeordnetem Werte, weil sie teils flüchtig und unkritisch, teils nur gelegentlich gegeben sind, ohne daß diese Berichterstatter ein tieferes Verständnis für die Sache zeigen. Doch können wir aus ihnen mit Sicherheit entnehmen, daß die Geometrie bei den Ägyptern seit uralten Zeiten nicht nur praktisch betrieben, sondern auch sozusagen in gelehrter Weise behandelt und zu den Wissenschaften gerechnet wurde, deren Pflege den Priestern zufiel; und wir dürfen in dem Umstande, daß es in Ägypten eine der Sorgen des täglichen Erwerbes überhobene, auf geistige Beschäftigung angewiesene Priesterkaste gab, sicherlich eine der wesentlichsten Ursachen sehen, welche die Förderung der Geometrie über den Zustand der rohen Empirie hinaus in diesem Lande erklärt.«

»Es steht ferner fest, daß im 7. Jahrhundert, als sich bei den Griechen der wissenschaftlich forschende Geist zu regen begann, die

---

[1]) Cantor, »Geschichte«. I. S. 136, 139. 141, 150, 153, 187, 215.

Geometrie der Ägypter bereits eine Entwicklung hinter sich und eine
Höhe der Ausbildung erreicht hatte, welche den Griechen stark impo-
nierte und im Verein mit der gerühmten philosophischen Weisheit
der Priester eine Reihe der bedeutendsten Männer Griechenlands
in jener Zeit nach Ägypten zog, so Thales im 7., Oenopides und Pythagoras im 6., Demokrit im 5. und Platon und Eudoxus im 4. Jahrhundert.«[1])

Die Belege dafür, daß die Gründer der griechischen Mathematik,
vor allem aber die, welche hier in erster Linie in Frage kommen:
in zeitlicher Reihenfolge Thales, Pythagoras, Platon und Eudoxus,
Ägypten zum Studium aufsuchten, könnten beliebig vermehrt werden.

Ebenso wie der Goldne Schnitt in unmittelbarem geistigen Zusammenhange mit dem nach Pythagoras benannten Satze steht,
ebenso muß nach dem vorstehenden auch die geschichtliche Tatsache
anerkannt werden, daß Pythagoras und sein einziger Vorgänger Thales
einen großen Teil ihrer mathematischen Kenntnisse. ihrem lang-
jährigen Aufenthalte in Ägypten verdankten, wo insbesondere der
Inhalt des nach Pythagoras benannten Satzes für einzelne spezielle
Fälle, wie z. B. $3^2 + 4^2 = 5^2$, bereits 2000 Jahre v. Chr. bekannt war[2]).
Auch Petrie kommt im Zusammenhange mit seiner Tabelle auf S. 51
zu dem bemerkenswerten Schlusse: »Der Gebrauch von Winkeln von
4 auf 3 (mit der Hypotenuse 5) und von 20 auf 21 (mit der Hypotenuse
29) scheint anzudeuten, daß der Satz von der Gleichheit des Hypote-
nusenquadrates mit den Quadraten der beiden Seiten bekannt gewesen
sein mag, zumal da wir sehen werden, daß der Gebrauch von quadrierten
Größen bei der Großen Pyramide stark bemerkbar ist.« (Petrie, Abschnitt 121.)

Es liegt also der Gedanke nahe, daß Pythagoras gleichwie diese
Einzelfälle auch solche eines Verhältnisses des Goldnen Schnittes auf
ägyptischem Boden angetroffen und, ähnlich wie bei seinem Satze,
nur vertieft und verallgemeinert hat. Eine eigentümliche Beleuchtung
erhält diese Anschauung durch folgende Ausführungen Cantors:

»Die pythagoreische Schule war, wie schon erwähnt wurde,
eine eng geschlossene. Mag es Wahrheit oder Übertreibung genannt
werden, daß unverbrüchliches Stillschweigen überhaupt den Pythagoreern zur Pflicht gemacht war, daß ihnen unter allen Umständen
das verboten war, was wir sprichwörtlich ‚aus der Schule schwatzen‘
nennen, sicher ist, daß über den oder die Urheber der meisten pytha-

---

[1]) H. Hankel, »Geschichte«, S. 83/84.
[2]) Cantor, »Geschichte«, S. 96.

goreischen Lehren kaum irgendwelche Gewißheit vorliegt. ER, der
Meister, hat's gesagt, war die vielbenutzte Redensart....«

»Bei Jamblichus findet sich folgendes: ‚Die Pythagoreer erzählen,
die Geometrie sei so in die Öffentlichkeit gelangt: Einer von den
Pythagoreern habe sein Vermögen verloren, und da habe man ihm
gestattet die Geometrie als Erwerbszweig zu benutzen.'«

».... und daß die Pythagoreer kein Bedenken trugen, was ihr
Lehrer wußte, als seine Erfindung zu verehren, wurde schon erwähnt.«[1]

»Dazu kommt, daß die Kenntnisse der ältesten Mathematiker
wohl ihrer Form, nicht aber ihrem Inhalte nach über das Maß dessen
hinausgehen, was wir bei den Ägyptern vorgefunden haben, und die
meisten Sätze, deren Erfindung die Tradition jenen alten Griechen
zuschreibt, waren ohne Zweifel den Ägyptern bereits bekannt.«

».... doch möchte ich nicht so weit gehen, den Lehrsatz selbst
dem Pythagoras abzusprechen, obgleich keine einzige nur einigermaßen
glaubwürdige Nachricht darüber vorhanden ist.«[2]

Ohne sich die Ansicht mancher zu eigen zu machen, welche »nicht
Anstand nehmen, Thales und die älteren Griechen überhaupt fast
jedes Erfinderrechtes für verlustig zu erklären und ihr ganzes geometrisches Wissen für Ägypten zurückzufordern«, und »des gewaltigen
Unterschiedes bewußt bleibend, der zwischen ägyptischem und griechi-
schem Denken auch bei Gleichheit des Gegenstandes des Denkens
obwaltete«[3], kann man doch nicht verkennen, daß die bisherige Zu-
erkennung mathematischer Erstentdeckungen an die pythagoreische
Schule in erster Linie wohl darauf beruhte, daß uns zeitlich über
Pythagoras hinaus keine Urkunden zur Verfügung stehen, welche uns
gestatten, diesen Entdeckungen ein höheres Alter zuzuschreiben.

Waren solche Urkunden vorhanden, so kann ihr Verschwinden
sogar unschwer durch die vollständige Vernichtung der beiden alexan-
drinischen Bibliotheken (47 v. Chr. und 392 n. Chr.) erklärt werden,
da nach dem Brande des Serapeion »die Seltenheit alter Originalwerke
zur Unmöglichkeit, solche zu beschaffen, ausartete«[4]. Denn das
Studium der vor dem Brande jedenfalls vorhandenen ägyptischen
Originalwerke durch die Griechen hatte wohl die Folge, daß die Geometrie nach Griechenland wanderte, vermittelte uns jedoch in keinem
einzigen Falle den Inhalt eines Originalwerkes selbst.

---

[1]) Cantor, »Geschichte«, S. 152, 155, 175.
[2]) Hankel, »Geschichte«, S. 89, 97.
[3]) Cantor, »Geschichte«, S. 139.
[4]) Ebenda S. 496.

Es ist interessant, daß auch Cantor — im Zusammenhange mit
anderen, ebenfalls noch nicht quellenmäßig gesicherten Überlieferungen — zu dem bemerkenswerten Schlusse kommt:

»So kommt man unabweislich zur Annahme eines noch nicht wieder
aufgefundenen theoretischen Lehrbuches der Ägypter neben dem neuerdings bekannt gewordenen Übungsbuche« (des Ahmes).[1]) Cantor ist
von der Richtigkeit dieser Annahme derart überzeugt, daß er nicht
ansteht, selbst Euklid und seine Form auf dieses hypothetische Lehrbuch der Ägypter zurückzuführen: ». . . . noch immer wird von manchen
behauptet werden, der Name ‚euklidische Form‘ sei durchaus gerechtfertigt, denn Euklid sei der selbständige Erfinder derselben; aber andere
werden ebenso sicher mit uns der Überzeugung gewonnen sein, die
ägyptische Form eines Lehrbuches der Geometrie, in Griechenland
eingedrungen, seit überhaupt Geometrie dort gelehrt wurde, in Alexandrien durch die neuerdings ermöglichte Kenntnisnahme ägyptischer
Originalwerke aufgefrischt, habe bei Euklid nur ihre vollendete Abrundung erlangt. «[2])

Wie wenig Beweiskraft übrigens dem negativen Zeugnis fehlender
Belege innewohnt, dafür bringt Cantor an anderer Stelle ein klassisches
und noch dazu zeitlich späteres Beispiel. Das Edikt von Kanopus, »mit
dem ein Inhalt bekannt geworden, an welchen niemand früher dachte,
niemand denken konnte«, wurde im Jahre 1866 aufgefunden. Es verkündete mit dem Tage des 7. März 238 v. Chr. die Einführung eines
alle 4 Jahre zu zählenden Schaltjahres von 366 Tagen. »Wir machen
zugleich darauf aufmerksam, daß von dieser merkwürdigen Tatsache
eines ägyptischen Schaltjahres in der frühen Ptolemäerzeit der Altertumsforschung vor Auffindung des Ediktes selbst nicht eine Silbe
bekannt war. Nicht die leiseste Anspielung auf diese jetzt durchaus
feststehende bedeutsame Reform kommt in uns erhaltenenen alexandrischen Schriften vor, ein Wink, nicht gar zu viel auf das negative
Zeugnis fehlender Belege für eine an sich wahrscheinliche Vermutung
zu vertrauen. «[3])

Ist nun die hier vertretene Anschauung, daß dem Bau der Großen
Pyramide der Goldne Schnitt als Baugrundsatz diente, eine solche
»an sich wahrscheinliche Vermutung«? Sollte darüber noch ein Zweifel
bestehen, so steht eines unleugbar fest: Der fehlende Beleg ist vorhanden — ist vorhanden in den rein zahlenmäßigen Be-

---

[1]) Cantor, »Geschichte«, S. 113.
[2]) Ebenda S. 276.
[3]) Ebenda S. 78 und 329.

ziehungen zwischen den Maßen der Großen Pyramide,
welche unumstößlich auf den Goldnen Schnitt als ihre
Ursache hinweisen und durch keine Gegengründe aus der
Welt geschafft werden können.

Von diesen Gegengründen mag der Vollständigkeit halber noch
einer angeführt werden, der auf den ersten Anblick besonders schwer-
wiegend erscheint, bei näherer Betrachtung aber ebenfalls an Bedeutung verliert. Die Oberflächenverteilung der Pyramide nach dem
Goldnen Schnitte hat naturgemäß zur ersten Voraussetzung die Kenntnis der richtigen Oberflächenberechnung. Wenn nun auch Cantor
aus verschiedenen Aufgaben des Ahmes zu dem Schlusse kommt,
daß die Flächenberechnung des Quadrates und des Rechtecks den
Ägyptern bekannt gewesen sein muß, so weist er andrerseits an gleicher
Stelle darauf hin, daß die Feldstücke, welche Ahmes in seinem Rechenbuche ausmessen läßt, unter anderem auch nach gleichschenkligen
Dreiecken begrenzt sind, deren Inhalt aus den Seiten a, a, b mit $\dfrac{a \cdot b}{2}$
statt richtig mit $\dfrac{b}{2} \sqrt{a^2 - \dfrac{b^2}{4}}$ berechnet wird. Eine richtige Inhaltsberechnung tritt dagegen nirgends auf. Einschränkend bemerkt
hierzu Cantor, daß von dieser Näherungsformel Gebrauch gemacht
wurde, »ohne daß wir freilich irgendeine Auskunft darüber zu geben
vermöchten, ob man .... sich bewußt war, nur Angenähertes zu
erhalten, oder ob man die genaue Richtigkeit der Ergebnisse glaubte,
und wie man zu denselben gelangt war«[1].

Es wäre naheliegend, die obige Formel als eine bewußte Näherungsformel anzusehen, deren Anwendung zur Berechnung der Landflächen
dadurch erklärt werden könnte, daß diese Berechnung — die wohl nur
den Zwecken der Grundverteilung und Steuerbemessung diente —
durch eine bequeme, Quadratwurzeln vermeidende Näherungsformel
genügend genau erfolgte. Der in dem Beispiele des Ahmes begangene
Fehler beträgt tatsächlich nur zwei vom Hundert. Damit wäre jedoch das vollständige Fehlen einer richtigen Formel noch nicht erklärt.

Andrerseits führt aber Eisenlohr selbst an: »In der Schenkungsurkunde von Edfu aus der Zeit Ptolemaeus' XI. Alexander (seit 106
v. Chr.), cf. Lepsius, Abhandl. Berliner Akad. 1855, S. 73, wird der
Flächeninhalt des gleichschenkligen Dreiecks noch gerade so berechnet
wie im mathematischen Papyrus (loc. cit. S. 93: $\left(\dfrac{0+2}{2}\right) \cdot \left(\dfrac{3+3}{2}\right) = 3$),

---

[1]) Cantor, »Geschichte«, S. 92, 93, 112.

während der um dieselbe Zeit lebende Hero Alexandrinus (Geometrie, ed. Hultsch, S. 61) erst die Höhe des gleichschenkligen Dreiecks berechnet und dann nach der richtigen Formel: $\frac{a}{2} \cdot \sqrt{b^2 - \left(\frac{a}{2}\right)^2}$ den Flächeninhalt desselben bestimmt. Dagegen finden wir noch im Mittelalter in dem Sammelwerke der Geometrie des Gerbert (Papst Sylvesters II., um 1000 n. Chr., ed. Olleris, Caput LXX., S. 460) den Inhalt des gleichschenkligen Dreiecks durch Multiplikation der halben Basis mit dem Schenkel (oder der Hälfte der Summe der beiden Schenkel) bestimmt.«[1]) Für den angenommenen Fall nun, andere Belege als die Schenkungsurkunde von Edfu und die Geometrie des Gerbert seien uns nicht erhalten, wären wir nach vorstehendem zu der Annahme gezwungen, daß noch um 1000 n. Chr. der Inhalt des gleichschenkligen Dreiecks falsch berechnet wurde!

Abgesehen hiervon berührt aber Cantor an anderer Stelle die Möglichkeit, daß bereits die Ägypter die Winkelsumme im Dreieck als gleich zwei Rechten erkannt hätten, und zwar mutmaßlich auf dem Wege über das gleichseitige und gleichschenklige Dreieck. Die Zerlegbarkeit des letzteren in zwei Hälften, welche sich zu einem Rechtecke ergänzen, ließ diesen Satz durch Augenschein erkennen[2]). Trifft diese Mutmaßung zu, so kann de Ägyptern bei ihrer Kenntnis der Inhaltsberechnung von Quadrat und Rechteck die des gleichschenkligen Dreiecks nicht fremd geblieben sein.

Nur ist mit großer Wahrzcheinlichkeit anzunehmen, daß die Kenntnis dieser und anderer Lehrsätze, wie des vom Goldnen Schnitte, als Geheimnis einiger Bevorrechteten gehütet wurde. Nach Cantor war ja sogar das Abstecken des rechten Winkels nicht allgemein bekannt, denn: »War dies die Hauptaufgabe der Harpedonapten, zu deren Amtsgeheimnis es gehören mochte, die Pflöcke wie die Knoten an den richtigen Stellen anzubringen, wodurch wenigstens eine zweckdienliche Erklärung für das Stillschweigen der Inschriften über ihre Verfahrungsweise gegeben wäre, so konnte in der Tat ihnen der Ruhm ‚der Konstruktion von Linien‘ zugesprochen werden, so waren sie im Besitze der Mysterien der Geometrie, die nicht jedem sich enthüllten, so wird es begreiflich, wie ihre Handlungen in den Wandgemälden dem Könige selbst in Verbindung mit einer Göttin beigelegt wurden«[3]).

---

[1]) Eisenlohr, »Papyrus«, S. 126.
[2]) Cantor, »Geschichte«, S. 143.
[3]) Ebenda S. 106.

Wird im Zusammenhang damit berücksichtigt, was früher nach Cantor über ein hypothetisches Lehrbuch der alten Ägypter und über den Wert fehlender Belege gesagt wurde, so rundet sich auch hier das anscheinende Hindernis gegen die hier vertretene Anschauung mählich ab.

Noch eine andere Erklärung wäre möglich. Die Notwendigkeit der Oberflächenberechnung einer Pyramide und damit der richtigen Berechnung des gleichschenkligen Dreiecks ergibt sich nur bei dem Entwurf nach dem Verhältnis des Goldnen Schnittes, d. h. nur für den Bau der Großen Pyramide. Sie kommt bei allen übrigen Pyramiden oder pyramidenähnlichen Bauwerken, bei welchen nur ein bestimmtes Verhältnis zwischen Höhe und Basis oder zwischen Manteldreiecks-höhe und Basis den maßgebenden Baugrundsatz bildete, gar nicht in Frage. Sind nach der Annahme Eyths, wie dies auch durch die Petriesche Tabelle bekräftigt wird, alle späteren Pyramiden nur un-verstandene Nachbildungen der Großen, so ist die Möglichkeit vor-handen, daß der Schöpfer der Großen Pyramide — ein seine Zeit mathematisch überragender Geist — gleichzeitig auch der Entdecker der dem Bau zu Grunde liegenden geometrischen Sätze war. Nun zieht sich — um es einmal offen auszusprechen — durch die ganze uns bekannte Geschichte der Mathematik wie ein roter Faden eine Kette von Geheimniskrämerei, kleinlicher Eitelkeit, Neid und Mißgunst, auftretend sonderbarerweise gerade bei den größten Geistern, so daß es unnatürlich wäre, anzunehmen, der Mensch sei am Beginne der Geschichte ein wesentlich anderer gewesen, als er sich in ihrem Ver-laufe erwiesen hat. Hat es der Erbauer der Großen Pyramide demnach für gut befunden, aus irgendeiner Ursache vorerst seine Entdeckungen geheimzuhalten, so kann er sie bei seinem Tode freiwillig oder un-freiwillig mit sich ins Grab genommen haben. Schon seine direkten Nach-folger hätten dann seinem Lebenswerke mit Unverständnis gegenüber-gestanden.

Zusammenfassend kann festgestellt werden, daß auch die in Abschnitt 10 und 11 angeführten geschichtlichen Tatsachen nicht nur die Möglichkeit erweisen, daß den Ägyptern die Kenntnis des Goldnen Schnittes zugesprochen werden kann, sondern daß verschiedene dieser geschichtlichen Tatsachen erst in dem gegebenen Zusammenhange vollständig aufgeklärt und verständlich erscheinen.

Es sei hierbei nochmals darauf hingewiesen, daß die hier ver-tretene Hypothese ihre wesentlichste Stütze in dem Umstande findet, daß ihr Bestehen nur Vorkenntnisse bedingt, die in keiner Weise die einfachsten geometrischen Begriffe und Anschauungen und damit das Maß dessen überschreiten, was die moderne kritische Geschichtsforschung bereits den Ägyptern zuerkannt hat.

Es ist daher wohl als zweifellos anzunehmen, daß spätestens dem Erbauer der Großen Pyramide — dessen Wirksamkeit in die Zeit zwischen 2400 bis 2300 v. Chr. verlegt werden muß — das stetige Verhältnis in seiner schönsten Form, von späteren Generationen als der »Goldne«, auch »Göttliche Schnitt« bezeichnet, bekannt war und von ihm dem Bau der Pyramide in der Weise zu Grunde gelegt wurde, daß ihre Gesamtoberfläche nach dem Goldnen Schnitte in Grundfläche und Mantelfläche geteilt erscheint.

www.ingramcontent.com/pod-product-compliance
Lightning Source LLC
Chambersburg PA
CBHW031451180326
41458CB00002B/731